NENGLIANG HUISHOU TOUPING ZENGYABENG
JISHU YU YINGYONG

能量回收透平增压泵
技术与应用

纪运广　著

化学工业出版社

·北京·

内 容 简 介

　　液体余压能量的回收利用是工业生产过程节能减排的重要途径之一，应用和推广液体余压能量回收技术可有力助力我国"双碳"目标的实现。透平增压泵能量回收装置具有回收效率较高、可靠性好、结构紧凑、操作简便、噪声和振动小等优点，可应用于很多行业。本书介绍了透平增压泵的水力设计、优化和水力性能测试方法，给出了透平增压泵能量回收技术在反渗透海水淡化、合成氨脱碳、垃圾渗沥液处理工艺中的应用案例。

　　本书适合从事液体余压能量回收的专业技术人员阅读，也可供流体机械专业师生参考。

图书在版编目（CIP）数据

　　能量回收透平增压泵技术与应用/纪运广著. —北京：化学工业出版社，2022.7
　　ISBN 978-7-122-41455-7

　　Ⅰ.①能… Ⅱ.①纪… Ⅲ.①能量-废液回收-液压泵 Ⅳ.①X703②TH137.51

　　中国版本图书馆 CIP 数据核字（2022）第 090743 号

责任编辑：徐　娟　　　　　　　　　　　文字编辑：冯国庆
责任校对：刘曦阳　　　　　　　　　　　装帧设计：韩　飞

出版发行：化学工业出版社（北京市东城区青年湖南街 13 号　邮政编码 100011）
印　　装：北京科印技术咨询服务有限公司数码印刷分部
787mm×1092mm　1/16　印张 7½　字数 170 千字　2022 年 7 月北京第 1 版第 1 次印刷

购书咨询：010-64518888　　　　　　　　售后服务：010-64518899
网　　址：http://www.cip.com.cn
凡购买本书，如有缺损质量问题，本社销售中心负责调换。

定　　价：68.00 元

前　言

　　液体压力能量的回收利用是实现工业生产过程节能减排的重要途径之一，应用和推广液体余压能量回收技术可有力推动我国"双碳"目标的实现。不同于分立式透平式能量回收装置，透平增压泵为一体式结构，由透平侧和泵侧组成，两侧叶轮装在一根轴上并置于壳体内，高压液体驱动透平侧叶轮和叶轮轴旋转，带动泵侧叶轮对低压液体增压，从而实现液体压力能量回收。透平增压泵省去了离合器和机械密封，提高了可靠性；泵转速自适应透平转速，可高速运行；能量转化效率可达80%，受流量变化影响较小；操作简便、噪声低；在反渗透海水/苦咸水淡化、合成氨脱碳脱硫、反渗透垃圾渗沥液处理、脱盐水处理、天然气净化、石油加氢等工艺中有广阔的应用前景。

　　本书分为7章。首先介绍了透平增压泵的结构和特点，然后详细叙述了透平增压泵的设计、优化和水力性能测试方法，最后以较大篇幅给出了透平增压泵能量回收技术在反渗透海水淡化、合成氨脱碳脱硫、垃圾渗沥液处理等工艺中的应用案例。

　　本书系统地总结了作者多年来完成的课题和发表的成果。在课题研究过程中，得到了薛树旗教授、刘永强工程师、李洪涛副教授、杨守智高工、李殊娟高工多方面的大力指导和帮助，谨向他们致以衷心感谢；研究生徐洋洋、刘璐、陈勃同、刘彤、李晓霞、杨之阔、冉竟羽参与了课题研究工作，研究生张潇、佟明达、张雨晗、宋浩、李泽进行了资料收集和书稿整理工作，在此一并致谢。本书参考和引用了大量国内外相关论文和研究成果，感谢各位文献作者。

　　由于作者水平有限，书中难免有不当之处，敬请读者不吝批评指正。

作　者
2022年4月

目　　录

第1章

透平增压泵技术概述

透平增压泵（或称透平泵、涡轮增压泵，英文为 Hydraulic Turbocharger，缩写为 HTC）是一种液体压力能量回收装置，应用透平增压泵进行液体压力能量回收的技术称为透平增压泵技术。以透平增压泵为核心的能量回收系统具有组成简单、可靠性好、能量回收效率较高、便于安装维护等优点。

1.1 液体压力能量回收装置的形式和应用

在反渗透海水/苦咸水淡化、天然气、合成氨、煤化工、石油炼制和钢铁冶金等行业中，一些工艺环节需利用工业泵把各类液体（石油、溶剂、海水、污水等）加压后泵入各种系统进行物理或化学反应，反应后的各类高压液体经常通过减压阀进行减压排放或循环再利用，这些高压液体所蕴含的余压能量可通过能量回收装置进行回收利用，以达到节能减排的目的。表 1-1 列举了一些可进行液体压力能量回收的典型工艺流程。

表 1-1 可进行液体压力能量回收的典型工艺流程

行业	工艺环节	介质	高压/MPa	低压/MPa
反渗透海水淡化	反渗透	浓海水	5.5～6.5	0
天然气加工	MDEA(甲基二乙醇胺)法脱酸	MDEA(甲基二乙醇胺)富液	约6.0	0.5
合成氨	铜铵液洗涤	铜铵液	13.0～15.0	0.4
	碳酸丙烯酯脱碳	碳酸丙烯酯富液	1.6	0.4
煤化工	原料气脱酸	低温甲醇	5.0～7.0	1.0
石油炼制	加氢	柴油、渣油	约14.0	0.5
垃圾渗沥液处理	反渗透	浓液	6.0	0.05

液体压力能量回收技术（或称为液体余压能量回收技术）可以提高能源的利用效率，降低工业生产能耗及成本，提升企业经济效益，减少碳和污染物排放，应用前景广阔，市场潜力巨大。因此，研究液体压力能量回收装置和技术及其应用，具有重要的社会和经济意义。

1.1.1 液体压力能量回收装置的形式

液体压力能量回收装置按工作原理可分为正位移式（容积式）和透平式两种。正位移式能量回收装置中高压液体通过活塞或直接接触低压液体为低压液体增压，实现能量的传递和回收，分为活塞式、旋转直接接触式和阀控直接接触式3种。透平式是通过叶轮把高压流体的压力能转化为叶轮轴的旋转机械能以驱动其他设备，如驱动发电机进行发电、驱动泵为低压液体增压或驱动搅拌机等，可分为分体式和一体式。液体压力能量回收装置的分类、结构形式和典型产品如表1-2所列。

表1-2　液体压力能回收装置的分类、结构形式和典型产品

按原理分类	结构形式	典型产品
液力透平式	分体式	反转泵
		佩尔顿透平
		法兰西斯透平
		卡普兰透平
	一体式	透平增压泵(HTC)
		HPB
		DWEER
正位移式	活塞式	自由活塞式
	旋转直接接触式	压力交换器(PX)
	阀控直接接触式	Aqualyng、PES、Aqualyng、Sel Tech

需要指出，液体压力能量回收装置大多是针对反渗透海水淡化工艺进行研发并推广应用于其他行业，因此，本书第4章结合反渗透海水能量回收技术详细介绍了表1-2中的典型产品，此处只作概括介绍。

正位移式能量回收装置适用于液体流量和压力均良好匹配的工艺环境，使用的时候有明显的压力波动。直接接触式装置存在废液和原料液混合的问题，需要非常复杂的仪表和控制系统设计才能良好运行。液力透平式能量回收装置结构简单、操作维护方便、制造成本低，但也存在效率较低，当流量低于$10m^3/h$，或低于设计流量40%时无法回收能量等不足。

表1-3列出了几种液体余压能量回收装置的性能。

表1-3　几种液体余压能量回收装置的性能

性能	反转泵	佩尔顿透平	透平增压泵	自由活塞式	压力交换器(PX)
能量回收效率/%	约30	约50	大于50	45～65	55～60
整机机械效率/%	约70	80～90	90～95	50～85	90～95
流量变化适应性	差	好	好	好	好
结构复杂程度	简单	较复杂	复杂	复杂	复杂
成本	低	较低	低	高	高
应用前景	一般	好	好	较好	好

分体式透平装置首先应用于反渗透海水淡化系统，典型产品有反转泵型、佩尔顿型、弗朗西斯型和卡普兰型透平等。其工作原理为，高压液体驱动透平叶轮旋转，将压力能转化为透平轴工作的机械能，然后驱动发电机发电，或驱动其他工作机械，如泵、搅拌机等，从而完成能量回收，达到节能目的。分体式透平装置的电机、泵和透平都独立存在，

一般采用液力透平四合一机组形式，如图1-1所示。液力透平轴一般经过超越离合器与电机轴或泵轴相耦合，液力透平作为第二驱动与电机一起来驱动进料贫液泵。当液力透平的转速高于电机的转速时离合器啮合推动进料泵工作，电机的输出功率减小，从而达到节约进料泵驱动功率的目的。基于反转泵的分体液力式透平效率一般在80%左右，能量转换效率一般在50%以下。

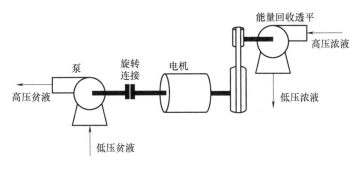

图1-1　分体式液力透平装置工作原理

由于流量经常波动，介质中有时还夹带气泡，造成透平工作时经常脱离设计流量和压力工况，从而使透平转速和输出功率发生较大变化；超越离合器经常处于高速啮合和脱开工况，导致超越离合器经常损坏。实际运行表明，反转泵式液力透平在应用中存在着以下问题：

① 机械密封故障率和维修更换成本较高；
② 机械密封失效将造成流体介质泄漏，污染环境和引发安全事故；
③ 超越离合器故障多且难以恢复，可靠性差；
④ "泵+液力透平+电机+离合器"机组设备安装调试和维修困难；
⑤ 反转泵液力透平综合效率低，节能较少；
⑥ 液力透平不能长周期安全稳定运行，闲置较多。

20世纪80年代中后期，为了提高液力透平的能量回收率和可靠性，在分体式液力透平回收装置的基础上，采用一体化设计，把透平叶轮和泵叶轮用同一根轴连接并放置在壳体内，减少了中间超载离合器。一体式能量回收装置的结构设计简单，易安装，可靠性强，在抗腐蚀、密封性等方面也有所提高，并实现了商品化开发。该装置的典型代表作品是HTC（透平增压泵）和HPB（液压助力器）。图1-2为一体式液力透平能量回收装置工作原理示意。

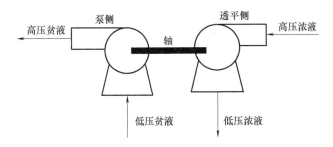

图1-2　一体式液力透平能量回收装置工作原理示意

1.1.2 液体压力能量回收装置的应用

理论上，凡是有液体压力能变化的地方，都可进行能量回收利用。在工业生产中，可在以下工艺中应用液体压力能量回收装置。

① 反渗透海水淡化工艺。在反渗透海水淡化系统中，高压迫使淡水通过反渗透膜组件，从而在膜的低压侧得到渗透液，高压侧得到浓缩液，膜组件截留了盐分、细菌、胶体和其他杂质。海水盐度越高，所需压力越大，所耗能量也越高，其电耗占工程运行费用的35%～40%，是影响产水成本的主要因素。通过能量回收装置回收浓水压力能量可达到节能目的。

② 石油、炼化装置中的渣油加氢、柴油加氢、蜡油加氢裂化以及重油加氢工艺。例如在柴油加氢精制流程中，加氢反应器中需要新鲜柴油，反应结束后流出高压分离器的柴油仍然带有高压能量，反应完的柴油进入再生系统时不需要高压能量，通常是经过多级减压阀将其高压能量减掉，这样就使得大量余压能量被浪费。在加氢精制工艺中装有能量回收装置之后，利用从高压分离器出来的高压柴油的能量对新鲜低压柴油进行加压，从而将高压柴油的压力能回收，降低了高压电动进料泵的输出功率，节省了成本。

③ 合成氨、煤制油尾气处理以及高压天然气净化工艺。低温甲醇洗作为重要的气体净化工艺，已广泛应用于石油化工、化肥工业、煤化工等领域。但低温甲醇洗工艺净化过程中能量损失较大，最关键的环节为净化后的高压富液直接被多级减压降为后续生产原料。通过增加能量回收装置，回收高压富液的液体压力能，可以驱动发电机发电，或驱动泵为硫化氢再生塔中出来的低压贫液加压，可以节约工艺过程中的能量损耗，降低生产成本，还可以避免强制减压过程产生大量的热量。

④ 大型液化气装置、液化气体输送和从管线高压处向罐区输送成品油或原油等其他存在高低压的工艺流程等。

1.2 透平增压泵的结构和特点

透平增压泵（Hydraulic Turbocharger，HTC）是由美国 PEI（Pump Engineering Inc.）研发的一种液体压力能量回收装置，通过高压液体驱动透平叶轮和叶轮轴，带动直连的泵叶轮实现对低压液体增压。透平增压泵的结构原理如图1-3所示。透平增压泵与汽

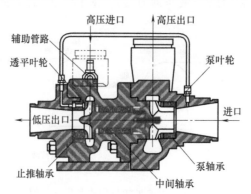

图 1-3 透平增压泵的结构原理

车发动机涡轮增压器结构类似，透平增压泵分为透平侧和泵侧，两侧叶轮装在一根轴上并置于泵壳内，省去了离合器和机械密封；泵转速自适应于透平转速，可高速运行；能量转化效率可达50%，受流量变化影响较小。

透平增压泵将透平和增压泵全部封装在壳体内，减少了中间环节，透平轴直接驱动增压泵叶轮，提高了效率。高压富液直接从透平增压泵的高压入口进入，高速液体冲击透平叶轮，带动叶轮旋转，做功后的低压富液从低压出口流出。由于透平轴直接驱动泵叶轮，所以泵叶轮也高速旋转，低压贫液从低压进口进入之后经泵叶轮加压从高压出口流出。透平泵的止推轴承用来承受高压富液做功时对透平泵产生的轴向力，防止轴在承孔内轴向窜动，起到固定作用；中间轴承用来承受透平的径向载荷。

图1-4所示为透平增压泵实物。

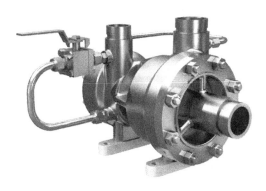

图1-4　透平增压泵实物

透平增压泵的结构和工作特点为：

① 由于透平增压泵没有外伸轴和动密封，只有较短的封装于壳内的透平轴，所以不需要更换维护机械密封，可以做到"零"泄漏；

② 透平轴直接驱动水泵的叶轮，省去了中间环节，而且由于透平轴很短，摩擦损失小，所以效率较高；

③ 透平的止推轴承和中间轴承都采用独立的润滑系统，保证了充分润滑和一定的承压能力，减少了轴承的磨损；

④ 透平增压泵的轴承基本采用高耐磨的坚硬陶瓷制造，使用寿命长；

⑤ 由于透平和增压泵全部封装于壳体内部，因此设备运行时噪声较低；

⑥ 透平增压泵由极少的零部件组成，集成化的设计使透平增压泵体积小、质量轻、易于安装维护，解体大修工作在1~4h之内可全部完成。

1.3　透平增压泵技术的典型应用

因为透平增压泵较分体式液力透平具有故障率低、效率较高等优点，所以成为传统能量回收透平的换代设备，并已应用于一些工业生产流程中。

(1) 反渗透海水淡化

在反渗透海水淡化工艺中，未过渗透膜的高压浓水通常压力为5.5~7.5MPa，用高压浓水冲击透平增压泵的透平叶轮，带动泵叶轮给低压泵泵出的新鲜海水加压至进膜压力，以实现浓水能量的回收。

透平增压泵最初用于反渗透海水淡化系统的能量回收，其效率可达 70％～85％，但对于产量低于 $10m^3/h$ 的淡化系统，其能量回收率较低，一般采用正位移式能量回收装置。

（2）天然气脱硫脱碳

采用湿法，如 MDEA（Methyldiethanolamine，甲基二乙醇胺）法或 MDEA‐环丁砜法对天然气进行脱硫脱碳处理时，吸收塔中反应完成后排出的高压（约 6MPa）富液可通过透平增压泵进行能量回收，实现对贫液的加压。

透平增压泵应用于湿法天然气脱硫脱碳工艺，能量回收效率可达 60％以上，高于"泵＋联轴器＋电机＋离合器＋透平"式能量回收装置的效率（45％左右），且体积小、可竖直安装、故障率低。

（3）合成氨脱硫脱碳

对于中小型合成氨系统中的 PC（Propylene Carbonate，碳酸丙烯酯）法脱碳工艺，高压（1.4～2.0MPa）碳酸丙烯酯溶剂在吸收塔中吸收工艺气体中的酸性气体，由塔底排出并经减压阀进入闪蒸罐和再生塔。为利用减压阀损失掉的富液压力能，可由透平增压泵进行回收并与循环供料泵共同为再生贫液加压。

透平增压泵能量回收系统用于合成氨脱碳工艺，能量回收效率在 65％以上，节能效果明显。

（4）垃圾渗沥液处理

将透平增压泵应用于垃圾渗沥液 DTRO 膜（碟管式反渗透膜）反渗透处理系统，将减压阀排放的一级浓液通过透平增压泵透平侧回收部分压力能，通过回收一级反渗透浓液的压力能给二级浓液增压。透平增压泵能量回收效率为 30％左右，可降低 5％整体系统的能耗，整个系统调节控制简单，运行周期长，维修时间短且费用低。

（5）柴油精制工艺

在柴油精制工艺流程中，加氢反应器内反应结束后流出高压分离器的高压柴油的能量可通过透平增压泵进行回收，对新鲜低压柴油进行加压，以降低高压电动进料泵的功率，节省电耗和设备成本。

1.4 透平增压泵技术发展概述

我国是世界上能源浪费很严重的国家之一，能源利用率仅为 40％左右，远低于世界上发达国家的能源利用率。因此，节约能源、回收余能循环利用，对我国具有重要的意义。

目前在石油炼制加氢裂化、化肥合成氨、天然气脱硫脱碳、煤化工以及反渗透海水淡化、苦咸水淡化等诸多工艺流程中有丰富余压能量可采用液力透平技术进行回收再利用已成为行业共识，我国消化引进的第一代分体式液力透平的应用取得了较好的经济效益和社会效益。

目前普遍应用的分体式液体余压能量回收液力透平多为反转泵式透平。将泵反转作为透平使用，成本较低、安装维修方便，已有几十年的使用历史。泵反转时的水力特性不同于正转，作为透平时其本身效率一般在 70% 以下，余压能量转换效率一般在 40% 以下，存在效率低、运行不稳定、应用范围窄等问题。反转泵式透平应用于液体余压能量回收时，一般采用"泵＋电机＋离合器＋液力透平"四合一形式，安装维修难度大，离合器故障率高，严重影响正常生产和能量回收效益。

20 世纪 80 年代以来，国内外许多学者致力于能量回收液力透平的研究，取得了许多理论与技术成果，一些公司开发的产品已经得到实际应用。国内余压能量回收液力透平的研究、设计和应用水平与国外差距较大。兰州理工大学、江苏大学等高校和国内一些研究院所在泵反转式单级透平的选型计算、优化设计、速度稳定性控制以及结构强度等方面做出了一些成果。基于离心泵反转技术的成熟液力透平产品，基本由国际上几个主要泵类跨国企业集团所掌控，如日本荏原株式会社、瑞士苏尔寿泵业、德国 KSB 泵业、美国福斯公司等，其能量回收效率可达 50%；而近年来国内一些专业公司，如大连深蓝泵业、兰州西禹泵业等陆续推出的反转泵形式的液力透平装置，能量回收效率一般低于 40%。

美国 PEI 公司研发生产的一体式透平增压泵的工作稳定性、可靠性和能量回收效率均优于传统"四合一"式反转泵式透平，首先应用于反渗透海水淡化系统的浓水压力能量回收，并在其他众多应用场合已经成功替代分体式液力透平装置。透平增压泵能量回收技术于 20 世纪 90 年代引入国内后，江苏大学、天津大学、兰州理工大学、河北科技大学、自然资源部天津海水淡化与综合利用研究所等高校和科研单位，以及大连深蓝泵业、石家庄海阔捷能科技有限公司等专业公司，在透平增压泵的水力结构设计、性能优化和集成应用等方面取得了一些成果。

目前能量回收透平增压泵技术领域的关键问题主要有：

① 因透平进口介质压力高、输入流量相对较低且变化大的特殊性，需探索和总结可实现高能量回收效率的过流部件参数计算、结构设计、系统控制的成熟算法及普遍规律；

② 关于液体的高压力对透平增压泵结构设计、材料选择、密封和润滑系统的设计及加工，是国内外学术界和生产商的研究热点，而已发表的成果很少；

③ 透平增压泵能量回收装置在各流程工艺中的系统集成和应用可靠性研究等。

1.5　本章小结

本章首先概述了液体压力能量回收装置的形式和应用，然后介绍了透平增压泵的结构、特点和应用场合，最后概述了国内外透平增压泵技术的发展和研究现状。

参考文献

[1]　纪运广，李晓霞，Michael Oklejas，等．透平增压泵能量回收装置的应用 [J]．能源与节能，2018（06）：77-78，154.

[2]　周建强，汪建平，余建军．合成氨工艺中的余压能回收装置 [J]．机床与液压，2004（4）：67，85-86.

[3]　陈金增．船舶海水淡化及节能技术研究 [D]．武汉：华中科技大学，2010.

[4]　张翊人．低温甲醇洗及其改进型工艺 [J]．煤化工，1992（03）：38-43.

[5] 梁承红，姜宏，邢红宏．反渗透海水淡化技术的发展与应用［J］．海军航空工程学院学报，2007（04）：494-496，500.

[6] 林振景，陈婧，郑辉，等．反渗透海水淡化能量回收装置的应用分析［J］．科技致富向导，2013（23）：256-257.

[7] Osamah Al-Hawaj M. The work exchanger for reverse osmosis plants［J］．Desalination，2003，157（1）：23-27.

[8] Kah Peng Lee，Tom Arnot C，Davide Mattia. A review of reverse osmosis membrane materials for desalination—Development to date and future potential［J］．Journal of Membrane Science，2010，370（1）：1-22.

[9] 鞠茂伟，常宇清，周一卉．工业中液体压力能回收技术综述［J］．节能，2005，23（6）：518-521.

[10] 王晓晖，杨军虎，史凤霞．能量回收液力透平的研究现状及展望［J］．排灌机械工程学报，2014，32（09）：742-747.

[11] Williams A. Pumps as turbines used with induction generations of stand-alone micro-hydroelectric power plants［D］．Nottingham，UK：Nottingham Polytechnic，1992.

[12] 刘庆锋，周一卉，丁信伟．流体压力能利用技术综述［J］．化学工业与工程技术，2004（04）：5-8，57.

[13] 陶宇．能量回收实验系统制动控制器设计［D］．北京：北京工业大学，2010.

[14] 杨守智，李姝娟，李金强，等．应用能量回收机改造铜洗工艺技术经济分析［J］．化肥设计，2003（06）：4，50-52.

[15] 曹志锡，汪小洪，袁巨龙．液体压力能回收新技术［J］．中国机械工程，2003（14）：3，18-20.

[16] 马亮，薛树琦，闫文召．余压透平发电技术在合成氨工艺中应用研究［J］．现代化工，2014，34（06）：118-121.

[17] 江祖德，曹志锡，于世龙，等．流体压力能回收基本理论［J］．浙江工业大学学报，1996（04）：272-278.

[18] Jiaxi Sun，Yue Wang，Shichang Xu，et al. Performance prediction of hydraulic energy recovery（HER）device with novel mechanics for small-scale SWRO desalination system［J］．Desalination，2009，249（2）：667-671.

[19] 戴洪球．液力能量回收透平的性能试验［J］．石油化工设备技术，1988（03）：43-45.

[20] 李哲，艾钢，吴建平，等．船用智能化反渗透式海水淡化装置［J］．净水技术，2005（02）：66-69.

[21] 高从堦，陈国华．海水淡化技术与工程手册．北京：化学工业出版社，2004.

[22] 王越．反渗透海水淡化系统阀控余压能量回收装置的研究［D］．天津：天津大学，2003.

[23] Kazumi Inoue，Shunzo Tono，Masaoki Takahashi. Process and System for Recovering Top Gas from Blast Furnace or the Like：US4315619［P］．1979-10-03.

[24] 张晋涛，淘如钧，郭捷，等．PX能量回收装置流量控制和节能策略试验研究［J］．能源与节能，2015（11）：83-85.

[25] 余瑞霞．反渗透海水淡化系统余压能量回收装置过程特性的研究［D］．天津：天津大学，2005.

[26] Mazzuiehi R P. Commercial Building Energy Use Monitoring for Utility Load Researeh［J］．ASHRAE Transactions，1987，93（1）：1580-1596.

[27] 余良俭，陈允中．液力能量回收透平在石化行业中的应用［J］．石油化工设备技术，1996（04）：27-31，65-66.

[28] 上官末玲．NHD脱碳富液能量回收技术应用总结［J］．氮肥技术，2012，33（02）：17-18.

[29] 潘献辉，王生辉，杨守智．反渗透差动式能量回收装置的试验研究［J］．中国给水排水，2011，27（09）：41-44.

[30] 曲磊，杨晓超．反渗透海水淡化（SWRO）能量回收技术应用分析［J］．山东化工，2015，44（16）：110-112.

[31] 肖亚苏，李敏涛，冯涛，等．反渗透海水淡化工程能量回收设计比选［J］．盐科学与化工，2022，51（02）：8-11.

[32] 盛树仁，房壮为．在石油化学工业中利用水轮机回收能量［J］．大电机技术，1982（04）：2，41-45.

[33] 程续．液力透平在高压加氢装置的应用及问题分析［J］．当代化工研究，2017（11）：16-17.

[34] 李涛，李江松，邱庆欢．能量回收液力透平在高压加氢裂化装置中应用及效益浅析［J］．中国石油石化，

2017 (05): 33-34.

[35] 程续. 液力透平在高压加氢装置的应用及问题分析 [J]. 当代化工研究, 2017 (11): 16-17.

[36] 董涛. 萃取磷酸生产装置的尾气干法处理工艺 [J]. 硫磷设计与粉体工程, 2012 (03): 5-8, 10.

[37] 祝成耀, 薛树琦, 刘静. 余压能量回收技术在柴油加氢精制工艺中的应用研究 [J]. 现代化工, 2015, 35 (07): 124-127.

[38] 黄武星, 孙颜发. 能量回收液力透平泵在净化脱碳系统的应用 [J]. 煤化工, 2014, 42 (01): 66-68.

[39] 张立胜, 裴爱霞, 术阿杰, 等. 特大型天然气净化装置液力透平能量回收技术优化 [J]. 天然气工业, 2012, 32 (07): 72-76, 108.

[40] 黄浩. 液力透平能量回收技术在天然气净化中的应用 [J]. 科技与企业, 2014 (15): 428.

[41] 杨守智, 王遇冬. 天然气脱硫脱碳富液能量回收方法的研究与选择 [J]. 石油与天然气化工, 2006 (05): 332-333, 364-367.

[42] 祝成耀. 低温甲醇洗工艺能量回收技术应用研究 [D]. 石家庄: 河北科技大学, 2015.

[43] 许重义, 张培基, 宋双, 等. 能量回收液力透平的特点及应用 [J]. 通用机械, 2015 (08): 32-34.

[44] 张德胜, 祁炳, 赵睿杰, 等. 海水淡化能量回收透平水力模型优化设计 [J]. 排灌机械工程学报, 2021, 39 (07): 649-654.

[45] Sanjay Jain V, Abhishek Swarnkar, Karan Motwani H, et al. Effects of impeller diameter and rotational speed on performance of pump running in turbine mode [J]. Energy Conversion and Management, 2015, 89: 808-824.

[46] 苗森春, 杨军虎, 王晓晖, 等. 基于神经网络-遗传算法的液力透平叶片型线优化 [J]. 航空动力学报, 2015, 30 (08): 1918-1925.

[47] Yang Sun Sheng, Kong Fan Yu, Chen Hao, et al. Effects of Blade Wrap Angle Influencing a Pump as Turbine [J]. Journal of Fluids Engineering, 2012, 134 (6): 1-8.

[48] 朱鹏艳. 余能回收用液力透平转轮的型式选择与性能分析 [D]. 郑州: 华北水利水电大学, 2018.

[49] 刘万康. 余能回收用液力透平进水室型式选择与性能分析 [D]. 郑州: 华北水利水电大学, 2018.

[50] 惠志磊. 余能回收液力透平导叶的型式选择与性能分析 [D]. 郑州: 华北水利水电大学, 2018.

[51] 苏婷, 熊朝坤, 余波. 水力透平水动力学设计及性能预测 [J]. 流体机械, 2020, 48 (07): 57-60.

[52] 关醒凡. 现代泵理论与设计 [M]. 北京: 中国宇航出版社, 2011.

[53] 施咸道. 叶片泵第三象限性能的试验研究 [J]. 水泵技术, 1989 (1): 51-54.

[54] 纪运广, 刘彤, 李晓霞, 等. 合成氨脱碳系统能量回收透平增压泵设计 [J]. 现代化工, 2019, 39 (06): 190-193.

[55] 王桃, 孔繁余, 袁寿其, 等. 前弯叶片液力透平专用叶轮设计与实验 [J]. 农业机械学报, 2014, 45 (12): 75-79.

[56] Oklejas, Robert A. Power recovery pump turbine: 美国, US4983305 [P]. 1991-09-17.

[57] Bansal P, Marsh N. Feasibility of Hydraulic Power Recovery from Waste Energy in Bio-gas Scrubbing Processes. Applied Energy, 2010, 87 (3): 1048-1053.

[58] Wang Shenghui, Ji Yunguang, Chu Xizhang, et al. Energy Recovery Turbines in the Reverse Osmosis Desalination: Research Status and Key Technologies [C]//Proceeding of 2015 Asia-Pacific International Desalination Technology Forum. 北京: 亚太脱盐协会, 2015: 70-75.

[59] 纪运广, 徐洋洋, 薛树旗, 等. 透平增压泵在合成氨碳丙烯脱碳工艺中的应用研究 [J]. 现代化工, 2017, 37 (11): 158-161, 163.

[60] 纪运广, 刘彤, 李洪涛, 等. 透平增压泵在垃圾渗透液处理工艺中的应用 [J]. 水处理技术, 2018, 44 (06): 94-96, 100.

[61] Tamer A. El-Sayed, Amr A. Abdel Fatah. Performance of hydraulic turbocharger integrated with hydraulic energy management in SWRO desalination plants [J]. Desalination, 2016, 379 (2): 85-92.

[62] Eli Oklejas, Jason Hunt. Integrated pressure and flow control in SWRO with a HEMI turbo booster [J]. Desalination and Water Treatment, 2011, 31 (1-3): 88-94.

第2章

透平增压泵水力部件的设计和优化

一体化结构的透平增压泵省去了动密封，实现了"零"泄漏，效率较分体式透平有较大的提升。透平增压效率主要受泵和透平两侧结构参数的共同影响，特别在实际应用场合中易受到两侧工艺参数较为固定的限制。

离心泵基本几何参数对其性能的影响一直是学者们研究的重点，其研究的途径开始主要是试验，试验结果可靠、意义重大，但也存在着诸多难以解决的问题，随着计算机技术与CFD数值模拟技术不断进步，逐渐形成了理论、试验与数值模拟相结合的研究方法。1755年，瑞士数学家欧拉的专著《流体运动的一般原理》中提出了欧拉方程式，还是目前叶片泵设计参考的最基本理论之一。20世纪50年代，吴仲华提出了叶片机械三元流动理论和两类流面理论，为各类叶片机械的发展起到了重要推动作用。袁寿其等经过理论上的合理推导，研究了泵叶轮重要结构参数对其扬程曲线趋势的影响机理。曹卫东等发现了叶片包角数值的差异会对低比转速离心泵外特性曲线造成一定的影响：随着叶片包角的增加，扬程逐渐减小，轴功率逐渐增大，泵效率有先增大后减小的趋势。吴贤芳等人通过对四种不同范围比转速的离心泵进行数值模拟分析，发现叶轮出口安放角尤其对高比转速离心泵的性能影响明显。

透平侧目前普遍采用离心泵反转的方式，采用具有压力能的高压液体冲击叶轮旋转，所以反转泵透平与离心泵的进出口两者正好相反，即所谓的泵反向使用。泵反转作透平主要是找到两者在设计工况下流量、扬程、效率等设计参数的换算依据。目前，泵反转作透平最大的难点就是如何寻找最佳的满足透平工况下合适的离心泵模型。国内外大量学者都对透平的高效设计与进一步的合理优化进行了深入的探究。Punit Singh发现，在不修改透平叶轮任何一个主要几何参数的前提下，只是对叶轮进口部分进行简单的修圆处理，可提高其性能，并总结出了不同的修圆标准。盛树仁研究发现，对透平叶轮进口进行修圆处理可降低透平进口处的冲击损失。杨孙圣对采用不同叶片出口角的透平模型进行数值模拟分析，发现随着叶片出口角的增加，效率曲线呈现抛物线的形状，先增加后减小，有着最合适的叶片出口角数值，使得透平模型的回收效率达到最高。史广泰通过研究蜗壳进口截面形状对透平性能产生的影响，得出蜗壳直径为特定数值时透平损失小，能量回收效率高的结论。

2.1　透平增压泵水力设计理论与方法

透平增压泵分为透平侧和泵侧，一般由反转泵式透平和离心泵组成，它们的基本设计理论与方法可参考相关专业文献。

近年来，随着计算机性能的提高，智能优化算法在透平优化设计中得到了广泛的应用。学者们纷纷使用近似模型的方法对透平性能进行预测，并结合优化算法进行优化设计。杨军虎等训练了 BP 神经网络与 GA-BP 神经网络，分别对透平性能预测后发现，GA-BP 神经网络预测值较为准确。苗森春等采用非均匀 B 样条曲线对单曲率液力透平的叶片型线进行了参数拟合，并使用 GA-BP 神经网络替代计算流体力学（CFD）数值模拟计算，从而缩短优化计算时间，提高优化效率。Derakhshan 等使用人工神经网络结合蚁群算法拟合叶轮型线后，对透平叶轮几何形状进行优化设计，减小了能量损失，提高了透平能量回收效率。姜丙孝等将 RBF-HDMR 代理模型结合 PSO 算法（粒子群优化算法）用于液力透平叶片优化，用 Bezier 样条曲线参数化叶片型线，分析了各个变量间的相关性，构建了基于数值模拟的液力透平效率与叶片型线参数的模型函数。

目前，专用液力透平的设计仍是难点问题，没有形成完善的理论系统，且由于透平内部流动复杂，无法建立几何参数影响透平性能的数学模型，造成对几何参数优化困难。本章通过分析叶轮水力参数对透平性能的影响，并用 RBF 神经网络拟合水力参数与透平性能之间的数学关系，从而对叶轮进行优化。

本章通过实例给出了基于 CFD 的用于甲醇洗工艺透平增压泵透平水力部件设计方法及叶轮的多目标优化方法，也介绍了泵侧设计过程。

2.2　透平侧水力部件设计

2.2.1　透平侧基本参数计算

(1)　液力透平叶轮概述

随着近年来流体机械设计理论的逐步成熟与 CFD 数值模拟方法的快速发展，逐渐对现有叶片模型进行改型优化，形成了几类不同的叶片形状，将这些叶片实际应用在各个领域中，运行效果良好，取得了可观的经济效益。目前普遍采用的分类方式是根据叶轮进口处几何形状的差异来定义的，可将叶轮分为后弯型、径向入口型与前弯型三种类型。三类叶轮进口形状不一样，但出口保持相同的几何尺寸设置：

当 $V_{w2} < U_2$ 时，如果 $\beta_2 < 90°$，为后弯型叶片；

当 $V_{w2} = U_2$ 时，如果 $\beta_2 = 90°$，为径向入口型叶片；

当 $V_{w2} > U_2$ 时，如果 $\beta_2 > 90°$，为前弯型叶片。

图 2-1 所示为后弯型与径向入口型叶轮模型。

(2)　透平叶轮参数的确定

叶轮是透平的关键部件。叶轮一般按盖板型式可分为闭式叶轮、半开式叶轮以及开式

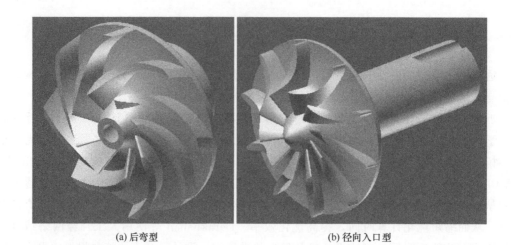

(a) 后弯型　　　　　　　　　　　(b) 径向入口型

图 2-1　后弯型与径向入口型叶轮模型

叶轮。学者们研究发现，采用闭式叶轮的透平装置回收能量效率更高。

在原理上，泵与透平是可逆的，但在工程实际中，泵与透平的工作状态和运行方式有很大不同，将泵设计方法直接应用在透平设计中，一般会使透平效率较低，寿命缩短，不能有效地完成能量转换，不能高效地回收能量。经过学者的研究发现，泵与透平间存在一定的转换关系。

杨孙圣等提出了泵与透平水力参数换算公式，其中扬程换算关系为

$$\frac{H_T}{H_P} = \frac{1.2}{\eta_P^{1.1}} \tag{2-1}$$

式中　H_T——透平扬程，m；

　　　H_P——泵扬程，m；

　　　η_P——泵效率，%。

流量换算关系为

$$\frac{Q_T}{Q_P} = \frac{1.2}{\eta_P^{0.55}} \tag{2-2}$$

式中　Q_T——透平流量，m³/h；

　　　Q_P——泵流量，m³/h。

① 比转速的确定。

$$n_s = \frac{3.65 n_T \sqrt{Q_T}}{H_T^{0.75}} \tag{2-3}$$

式中　n_T——透平转速，r/min。

② 估算透平效率。

a. 容积效率 η_v。容积损失又称泄漏损失，主要是由透平叶轮和蜗壳之间的间隙问题引发的流量泄漏。

$$\eta_v = \frac{1}{1 + 0.68 n_s^{-\frac{2}{3}}} \times 100\% \tag{2-4}$$

b. 机械效率 η_m。机械损失的主要原因是摩擦，包括轴承与轴之间的摩擦和叶轮与液体之间的摩擦。

$$\eta_m = \frac{n_s^2}{970 + n_s^2} \times 100\% \tag{2-5}$$

c. 水力效率 η_h。水力损失是指由介质在经过过流部分时产生的冲击损失、沿程损失、扩散损失等。水力效率的计算公式为

$$\eta_h = \frac{\eta}{\eta_v \eta_m} \tag{2-6}$$

式中　η——透平总效率，%。

③ 透平叶轮进口直径。透平叶轮进口直径对透平的扬程影响较大，透平叶轮进口直径 D_1 的计算公式为

$$D_1 = k_{D_1} \sqrt{\frac{Q_T}{n_T}} \tag{2-7}$$

系数 k_{D_1} 的计算公式为

$$k_{D_1} = (9.35 - 9.6) \left(\frac{n_s}{100}\right)^{-0.5} \tag{2-8}$$

④ 透平叶轮出口直径。

$$D_0 = k_0 \sqrt[3]{\frac{Q_T}{n_T}} \tag{2-9}$$

式中　k_0——经验数值，在选取时，与考虑因素有关，本章主要考虑效率，因此选取 k_0
　　　　值为 4.5。

⑤ 透平叶轮出口宽度 b_2。

$$b_2 = k_b \sqrt[3]{\frac{Q_T}{n_T}} \tag{2-10}$$

式中，修改系数 $k_b = 0.64 k_{b_2} \left(\frac{n_s}{100}\right)^{\frac{5}{6}}$，$k_{b_2}$ 为 b_2 的修正系数，可由表查出不同比转速 n_s 的 k_{b_2} 值。

⑥ 透平叶轮外径 D_2。参考泵设计理论与方法，对叶轮外径进行第一次精算，基本公式如下。

$$H_T = \frac{u_2 v_2 - u_1 v_1}{g} \tag{2-11}$$

式中　u_1——叶轮进口圆周速度，m/s；

　　　　u_2——叶轮出口圆周速度，m/s；

　　　　v_1——叶轮进口绝对速度的圆周分量，m/s；

　　　　v_2——叶轮出口绝对速度的圆周分量，m/s。

根据设计经验，在选择出口角度时一般选择较大出口角，较大的出口角可以减小叶轮与介质之间的摩擦，此处出口角选为 30°。

叶片进口的排挤系数 φ_2 为

$$\phi_2 = 1 - \frac{Z\delta_2}{D_2\pi}\sqrt{1 + \left(\frac{\tan\beta_2}{\sin\lambda_2}\right)^2} \qquad (2\text{-}12)$$

式中 Z——叶片数；

δ_2——叶轮出口真实厚度，mm；

β_2——叶轮出口相对液流角，(°)；

λ_2——叶轮出口轴面截线与流线夹角，(°)。

透平理论扬程 H_{T_t} 为

$$H_{T_t} = \frac{H_T}{\eta_h} \qquad (2\text{-}13)$$

叶片修正系数 P 可由式（2-14）~式（2-16）计算求得。

$$\psi = (0.65 \sim 0.85)\left(1 + \frac{\beta_2}{60}\right) \qquad (2\text{-}14)$$

$$S = \int_{r_1}^{r_2} r\,\mathrm{d}r = \frac{1}{2}(r_2^2 - r_1^2) \qquad (2\text{-}15)$$

$$P = \frac{\psi r_2^2}{ZS} \qquad (2\text{-}16)$$

式中 ψ——修正系数；

S——静矩，mm²；

P——有限叶片修正系数；

r_2——叶轮外圆半径，mm；

r_1——叶轮进口半径，mm。

无穷叶片理论扬程 H_{T_∞} 为

$$H_{T_\infty} = H_{T_t}(1 + P) \qquad (2\text{-}17)$$

叶轮出口轴面速度为

$$v_{m_2} = \frac{Q_T}{\eta_v D_2 b_2 \pi \phi_2} \qquad (2\text{-}18)$$

出口圆周速度为

$$u_2 = \frac{v_{m_2}}{2\tan\beta_2} + \sqrt{\left(\frac{v_{m_2}}{2\tan\beta_2}\right)^2 + gH_{T_\infty}} \qquad (2\text{-}19)$$

则第一次精算透平外径 D_2 得到

$$D_2 = \frac{60u_2}{n\pi} \qquad (2\text{-}20)$$

根据第一次精算得到透平外径 D_2 值，再依次代入式（2-12）、式（2-18）~式（2-20）进行第二次精算透平外径 D_2，如果两次精算结果相同或接近（误差≤1%），即可确定 D_2 值。

⑦ 透平叶轮叶片数。透平叶轮叶片数的改变对透平性能有一定的影响，叶片数增多，透平叶轮对液体的束缚力增加，使液体流动顺畅，不会发生拥挤堵塞，叶片过多会使接触面变大，摩擦损失增加。当叶片数逐渐减小时，透平叶轮对液体束缚力减少，流动逐渐紊乱，也不利于能量的回收。因此需要选择合适的叶片数量，使叶轮的摩擦损失降到最低。依据表 2-1 的经验可选叶片的数目为 4~6，本书选择叶片数为 6。

表 2-1 叶片数选择

n_s	30～40	45～60	60～120	120～300
Z	8～10	7～8	6～7	4～6

⑧ 叶片厚度。透平叶轮进口处需要经受高压液体的冲击，为增加其抗冲击性能，需对叶轮进口处进行加厚处理，而叶轮出口处受到液体冲击力较小，可以适当减小叶轮厚度，同时要使叶轮整体曲线光滑过渡，减小叶轮与液体间的冲击损失，增加叶轮的使用寿命。透平叶轮在展开图、平面图、轴面图上对叶轮进行加厚处理的计算公式如下。

$$S_v = \frac{\delta}{\sin\gamma} = \delta\sqrt{1 + \cot^2\lambda\cos^2\beta} \tag{2-21}$$

$$S_\mu = \frac{\delta}{\sin\phi} = \delta\sqrt{1 + \cot^2\beta/\sin^2\lambda} \tag{2-22}$$

$$S_m = \frac{\delta}{\cos\beta} = \delta\sqrt{1 + \cot^2\lambda + \tan^2\beta} \tag{2-23}$$

式中　S_v——展开图上叶片厚度，mm；

　　　S_μ——平面图上叶片厚度，mm；

　　　S_m——轴面图上叶片厚度，mm；

　　　δ——叶片计算厚度，mm；

　　　γ——流面与叶片之间的夹角，(°)，一般取 90°；

　　　β——计算点的叶片安放角，(°)；

　　　ϕ——计算点垂直叶片的面与叶片的交线和圆周方向的夹角，(°)；

　　　λ——轴面截线与流线之间夹角，(°)。

(3) 透平蜗壳的选型

蜗壳作为流体首先进入的部分，其形状对透平的水力性能有重要影响。如图 2-2 所示，常用的三种蜗壳形状为圆形蜗壳、非对称蜗壳、梯形蜗壳。为提高转子运行稳定性和蜗壳部位的过流效率，本书选择圆形截面的蜗壳，对流体收集能力强，对称的结构也能使流体形成更均匀的状态进入叶轮，减少摩擦损失，提高透平能量转换效率。

下面对蜗壳的主要设计参数进行计算。

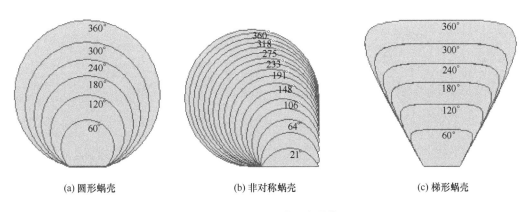

(a) 圆形蜗壳　　　(b) 非对称蜗壳　　　(c) 梯形蜗壳

图 2-2 常用的三种蜗壳形状

① 基圆直径 D_3。隔舌和叶轮间要留有间隙以保证装配要求，因此基圆直径基圆 D_3 与叶轮外径 D_2 的计算公式如下。

$$D_3 = (1.03 \sim 1.05)D_2 \tag{2-24}$$

② 蜗壳宽度 b_3。

$$b_3 = B_2 + (2 \sim 5) \tag{2-25}$$

$$b_3 \geqslant a_3 \tag{2-26}$$

式中　B_2——包含叶轮前后盖板厚度的总宽度，mm；

　　　a_3——蜗壳的喉部高度，mm。

③ 蜗壳喉部面积 A。蜗壳设计中关键几何参数之一为喉部面积 A，其大小影响着透平的效率和扬程，还关系到蜗壳与叶轮的匹配情况。喉部面积 A 按平均速度恒定的原理进行计算。

$$A = \left(1 - \frac{\gamma}{360}\right)\frac{Q_T}{v_{th}} \tag{2-27}$$

式中　γ——蜗壳隔舌角，(°)；

　　　v_{th}——喉部液流速度，m/s。

④ 喉部液流速度 v_{th}。

$$v_{th} = (0.62 - 0.0043n_s)\sqrt{2gH_T} \tag{2-28}$$

(4) 透平叶轮设计建模

① ANSYS-BladeGen 软件简介。BladeGen 作为 ANSYS 软件下的一个子模块，在流体机械领域被广泛应用。BladeGen 功能齐全，对离心泵、混流泵、轴流泵都可进行相关设计，支持参数化设计，可实时对模型更改，如叶轮叶片的进出口角、叶片厚度、叶片数等，极大节省了研究者的时间。

② 基于 ANSYS-BlaGegen 的透平叶轮水力设计。

a. 透平初始化参数输入设计。如图 2-3 (a) 所示为 ANSYS-BlaGegen 初始界面，本书选用 Radial Turbine 模块，Ang/Thk 设计方式。在图 2-3 (a) 中 Z 处输入轴向尺寸坐

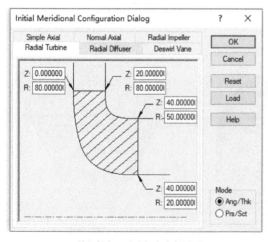
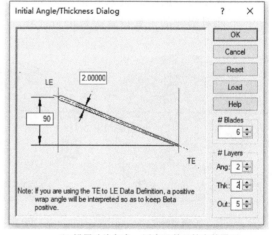

(a) 输入轴向尺寸坐标和半径界面　　　　　　　(b) 设置叶片包角、厚度及数目等参数界面

图 2-3　ANSYS-BlaGegen 初始界面

标，R 处输入半径。设置完成后点击"OK"进入下一步，弹出如图 2-3（b）所示窗口，对叶片包角、叶片厚度以及叶片数目等一系列参数进行设置。

b. 叶轮叶型优化。在初始界面设置完成后进入设计界面。在设计主界面可以对透平叶轮进行更详细设计。如图 2-4 与图 2-5 所示，设计主界面分为四个区域，左上边区域为叶轮流道轴面投影图，在此视图中可以对叶轮进口宽度、叶轮进口直径以及叶轮出口直径等进行修改。右上区域为叶片二维模型图（图 2-4），也可以显示三维模型图（图 2-5）。

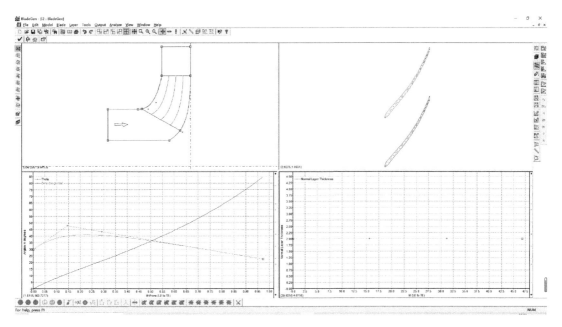

图 2-4　BladeGen 叶片二维显示

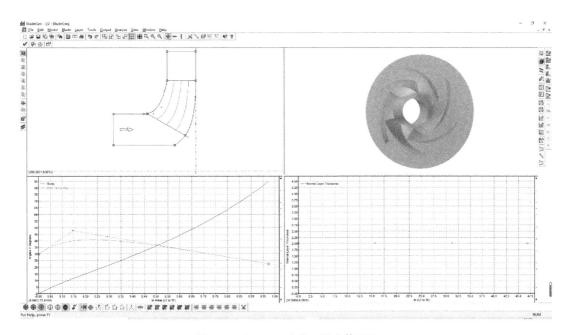

图 2-5　BladeGen 叶片三维实体显示

左下区域为叶片角度曲线图，在此视图中可以对叶轮进出口角度以及叶片三维曲线进行调节。右下区域为叶片厚度曲线图，在此视图中可以对三维叶片上的任一点厚度进行调节。

由理论公式计算得到的初始叶轮模型还有很多不足之处，需要使用软件对透平叶轮进行进一步调整，如图 2-6 和图 2-7 所示。

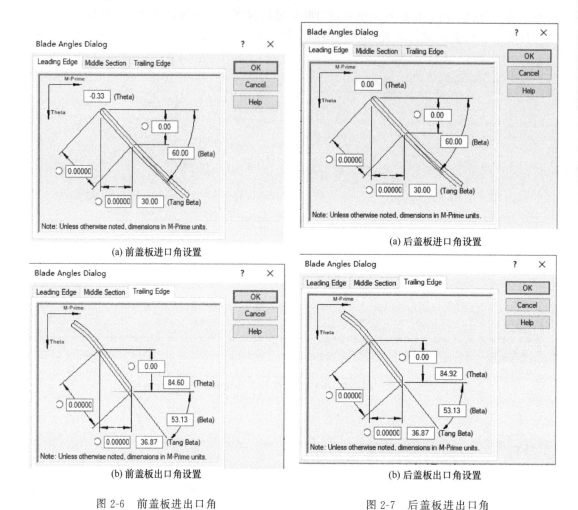

(a) 前盖板进口角设置

(a) 后盖板进口角设置

(b) 前盖板出口角设置

(b) 后盖板出口角设置

图 2-6　前盖板进出口角　　　　　　图 2-7　后盖板进出口角

对透平叶片进出口边缘采取一定规则的修圆处理，来减少叶片边缘与流体之间的水力损失，提高能量转换效率。如图 2-8 所示为叶片进出口修圆参数设置。

初始模型经过对进出口角度的修改、叶片厚度的调整以及叶片进口修圆处理等操作得到了优化后的叶轮模型，如图 2-9 所示。

2.2.2　透平数值模拟计算

(1)　透平模型计算域

为保证模拟的准确性，本书对透平进行全流场数值模拟计算。全流场数值模拟计算包括叶轮和蜗壳以及蜗壳过流部分，整体的数值模拟计算可以得到比较准确的透平内部流动状态，为进一步优化提供方便。表 2-2 为透平叶轮主要结构参数。

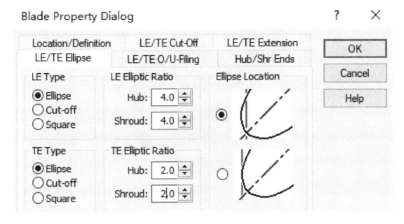

图 2-8　叶片进出口修圆参数设置

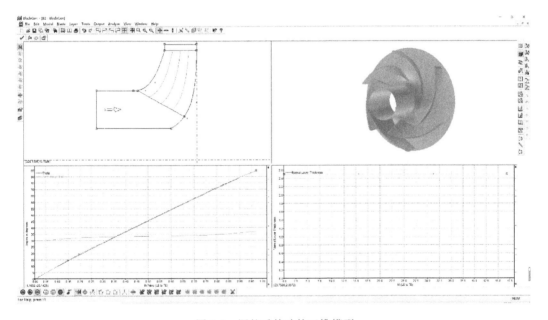

图 2-9　调整后的叶轮三维模型

表 2-2　透平叶轮主要结构参数

名称	数值	名称	数值
叶轮出口直径/mm	95	叶轮进口角度/(°)	37
叶轮进口直径/mm	160	叶轮出口角度/(°)	30
进口宽度/mm	22	叶片包角/(°)	85

透平模型计算域包括两部分，分别为透平叶轮与蜗壳，将前面得到的透平叶轮模型与蜗壳导入 SolidWorks 软件中装配，蜗壳采用圆形截面，整体过流部位装配完成后如图 2-10 所示。

图 2-10　透平三维水力模型

(2) 网格划分

网格划分作为数值模拟计算中的关键环节，必不可少。网格划分质量在一定程度上决定着数值模拟计算的准确性，因此网格划分质量至关重要。

旋转机械的网格划分采用 ANSYS 软件中的 ANSYS-TurboGrid 模块，该模块专门为离心泵、透平、风机等旋转叶轮机械所设计。将透平模型导入 ANSYS-TurboGrid 模块后进行参数设置，该模块可根据叶轮几何形状自动划分的结构化网格，对叶轮的壁面和叶轮边缘处进行加密处理，得到的网格数量少且质量高，使数值模拟的运算速度以及收敛性都会得到提升。透平叶轮网格划分如图 2-11 所示，网格划分质量如图 2-12 所示。

(a) 叶轮整体网格

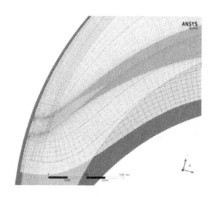

(b) 叶轮局部网格

图 2-11　透平叶轮网格划分

(3) 网格无关性检查

在进行数值模拟之前，要对计算域进行网格划分，网格划分质量越高，数值模拟值越精确。但随着网格质量的增高，网格数量也会更多。网格数量过多对计算机性能要求较高且计算较慢。因此，需要在保证数值模拟结果精确的情况下，尽可能减少网格数量，提高计算效率。

表 2-3 为透平模型网格数量统计，其中分别列出了透平叶轮计算域、蜗壳计算域的网

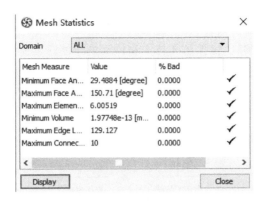

图 2-12　网格划分质量

格数量以及全流道网格数量。图 2-13 所示为网格数量对透平效率与扬程的影响。由图 2-13 可看出，当网格数量较少时，随着网格数量的增加，透平效率与扬程变化明显，网格数量达到 76.2 万时，网格数量再增多对于透平效率与扬程的影响较小，可忽略不计。为提高数值模拟的计算速度，将本书中透平叶轮计算域与蜗壳计算域的总网格数量定为 76.2 万。

表 2-3　透平模型网格数量统计

序号	全流道	叶轮	蜗壳
网格数量/万	47.9	33.9	14
网格数量/万	56.9	41.7	15.2
网格数量/万	76.2	56.4	19.8
网格数量/万	94.9	67.8	27.1
网格数量/万	111.6	75.6	36

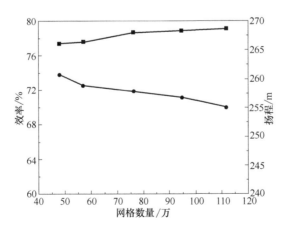

图 2-13　网格数量对透平效率与扬程的影响
■—效率；●—扬程

(4) 湍流模型的选择

紊流又称湍流，是流体在流动过程中的一种流动状态，不同于层流的有序性，湍流流动表现出来的是无序性，随着流速的增加，流场中会出现许多漩涡，为不规则流动。湍流流动广泛存在于自然界中，因此能否准确地模拟湍流流动的流动状态至关重要。随着人们对湍流流动模型的深入研究，模拟仿真技术和计算机硬件的飞速发展，三维湍流数值方法逐渐完善。如图 2-14 所示，湍流的数值模拟方法主要有大涡模拟法（Large Eddy Simulation，LES）、雷诺平均法（Reynolds Averaging，RA）和直接模拟法（Direct Simulation，DS）三种。

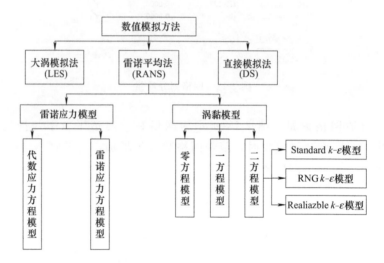

图 2-14　三维湍流模拟数值方法

大涡模拟法可以对直接数值模拟计算量大的问题进行简化处理，主要考虑对流体运动影响较大的涡流，而对流体运动影响较小的涡流进行了简化处理，以此来减少计算量。

雷诺平均法将湍流变量分解为时均量和脉动量，并根据封闭雷诺平均方程的方法不同分为雷诺应力模型与涡黏性模型。

直接模拟法直接采用瞬态动量对湍流进行计算，得到的结果准确。此方法的缺点是计算量大，计算时间较长，普通配置计算机不能满足计算要求，因此在实际应用中并不广泛。

透平内部流动复杂，不能使用简单层流运动进行分析，因此选用 Standard k-ε 湍流模型。Standard k-ε 湍流模型的湍流动能方程 k 和湍流耗散方程 ε 分别如下。

湍流动能方程 k 为

$$\frac{\partial}{\partial t}(\rho k)+\frac{\partial}{\partial x_i}(\rho k u_i)=\frac{\partial}{\partial x_j}\left[\left(\mu+\frac{\mu_T}{\sigma_k}\right)\frac{\partial k}{\partial x_j}\right]+G_k+G_b-\rho\varepsilon-Y_m+S_k \tag{2-29}$$

湍流耗散方程 ε 为

$$\frac{\partial}{\partial t}(\rho\varepsilon)+\frac{\partial}{\partial x_i}(\rho\varepsilon u_i)=\frac{\partial}{\partial x_j}\left[\left(\mu+\frac{\mu_T}{\sigma_s}\right)\frac{\partial\varepsilon}{\partial x_j}\right]+C_{1\varepsilon}\frac{\varepsilon}{k}(G_k+C_{3s}G_b)-C_{2\varepsilon}\rho\frac{\varepsilon^2}{k}+S_\varepsilon$$

$$\tag{2-30}$$

式中　　　　k——湍流动能；

　　　　　　ε——耗散率；

　　　　　　μ_T——湍流黏性系数，$\mu_T=\rho C_\mu k^2/\varepsilon$，$C_\mu=0.09$；

G_k——时均速度梯度产生的湍流模型；

G_b——受浮力影响的湍动能；

Y_m——可压缩湍流中波动膨胀对总耗散率的影响；

S_k，S_ε——用户定义的源项；

σ_k，σ_ε——k 和 ε 的湍流普朗特数，$\sigma_k=1.0$，$\sigma_\varepsilon=1.3$；

$C_{1\varepsilon}$，$C_{2\varepsilon}$，$C_{3\varepsilon}$——经验常数，$C_{1\varepsilon}=1.43$，$C_{2\varepsilon}=1.94$。

(5) CFX 模拟参数设置

采用 ANSYS-CFX19.0 软件对透平模型进行数值模拟，在 ANSYS-CFX 软件中 Turbo Mode 模块专门针对离心泵、透平、风机等旋转机械所开发。在 Turbo Mode 模块对透平模型进行数值模拟时可按照提示对参数进行设置，使用简便。

在透平前处理设置中，分析状态选用定常分析，将叶轮定义为转子 R_1，蜗壳为定子 S_1。叶轮转速设为 $-10000r/min$，选用 Standard k-ε 湍流模型。将固壁面设置为无滑移边界条件，临近固壁区选用标准壁面函数。动静交界面（Inter-face）设置为 Frozen Rotor，过流表面的粗糙度为 $50\mu m$，收敛残差标准为 10^{-5}。边界条件设置为压力进口、质量流量出口。所需介质为含酸性气体的富甲醇溶液，其物性参数查阅 NASA 提供的软件 REFPROP，得到混合后得富甲醇溶液物性参数，如图 2-15 所示。

	Temperature (K)	Liquid Phase Pressure (MPa)	Vapor Phase Pressure (MPa)	Liquid Phase Density (kg/m³)	Vapor Phase Density (kg/m³)	Liquid Phase Enthalpy (kJ/kg)	Vapor Phase Enthalpy (kJ/kg)	Liquid Phase Entropy (kJ/kg-K)	Vapor Phase Entropy (kJ/kg-K)
1	223.00	0.25531	0.000094354	888.82	0.0017394	-206.35	861.61	-0.61633	4.5511
2	225.00	0.27890	0.00011464	886.61	0.0020947	-202.51	863.87	-0.59928	4.5139
3	227.00	0.30409	0.00013877	884.40	0.0025134	-198.59	866.14	-0.58211	4.4774
4	229.00	0.33092	0.00016737	882.19	0.0030051	-194.62	868.41	-0.56481	4.4418
5	231.00	0.35946	0.00020116	879.98	0.0035807	-190.59	870.69	-0.54741	4.4070
6	233.00	0.38976	0.00024093	877.76	0.0042522	-186.50	872.96	-0.52993	4.3729
7	235.00	0.42187	0.00028761	875.55	0.0050333	-182.35	875.24	-0.51238	4.3396
8	237.00	0.45582	0.00034223	873.34	0.0059389	-178.16	877.52	-0.49477	4.3070
9	239.00	0.49168	0.00040592	871.12	0.0069859	-173.91	879.80	-0.47711	4.2750
10	241.00	0.52949	0.00047998	868.91	0.0081927	-169.62	882.08	-0.45942	4.2438
11	243.00	0.56927	0.00056585	866.70	0.0095799	-165.29	884.36	-0.44170	4.2132

图 2-15 富甲醇溶液物性参数

(6) 透平数值模拟结果

① 透平外特性曲线。使用 CFX 软件数值模拟计算得到透平在不同工况点下效率与扬程的变化，并绘制成 Q-η（流量-效率）曲线、Q-H（流量-扬程）曲线和 Q-P（流量-轴功率）曲线，如图 2-16 所示。由 Q-η 曲线可以看出，效率曲线随着流量增加先上升再下降，在原工况 $300m^3/h$ 时，效率最高达到 78.67%。超过设计流量后透平效率随着流量增加逐渐降低，这是因为当流量过大后，对叶轮冲击力增加，造成摩擦损失上升。由透平模型的 Q-H 曲线可知，随着流量的增加扬程逐渐上升。由 Q-P 曲线可知，由于流量增加，介质冲击叶轮所转换的轴功率变大，在小流量时增加较为明显，而在超过设计工况后，流量继续增加，轴功率增加平缓。

② 透平内部流场分析。前面介绍了透平效率、扬程、轴功率随流量变化趋势，其变化趋势与透平内部压力、速度的变化息息相关，本小节从透平内部流场的压力云图、速度

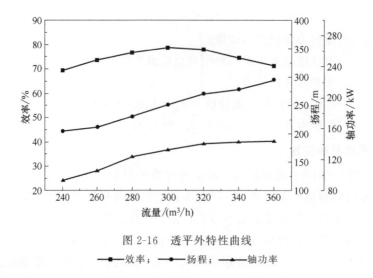

图 2-16 透平外特性曲线

■ 效率; ● 扬程; ▲ 轴功率

云图与矢量云图等方面对透平内部流场状态进行进一步分析。

对比图 2-17 中三种工况下的压力云图可见，压力从透平进口到出口处逐渐减小，在流量为 $0.8Q$ 时，蜗壳内压力较高，在叶轮处压力梯度变化较大，能量损失增多。在流量为 $1.2Q$ 时出口压力低于 $0.5MPa$。在流量为 $1.0Q$ 时透平内部压力梯度最为均匀。且当流量为 $1.0Q$ 时进口压力为 $3.2MPa$，出口压力为 $0.5\sim0.7MPa$，符合系统工况参数要求。

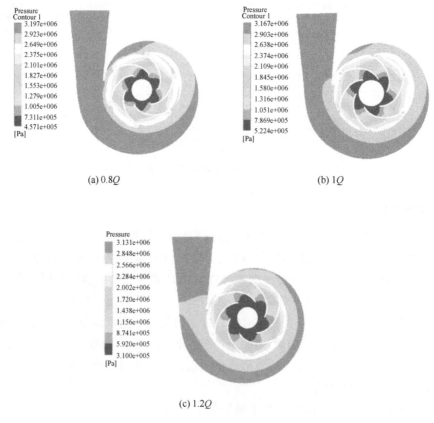

(a) $0.8Q$

(b) $1Q$

(c) $1.2Q$

图 2-17 透平压力云图

对比图 2-18 和图 2-19 三种工况下的速度云图与矢量图可见，速度从透平进口到出口处逐渐减小，在出口处达到最低。随着流量的增大，低速面积区域增加，涡旋变小。在大流量工况为 1.2Q 时蜗壳与叶轮交接面处速度与速度矢量变化最为明显，在此区域中流动情况相对复杂，能耗损失会增加。

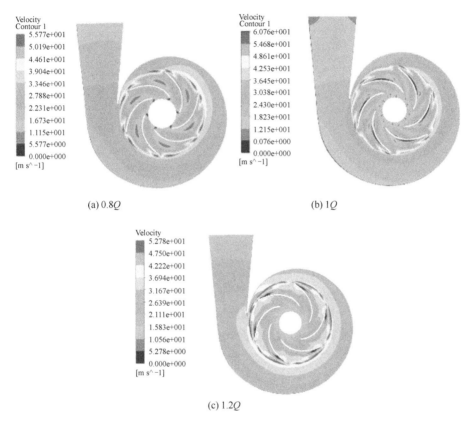

(a) 0.8Q　　　　　　　　　　　(b) 1Q

(c) 1.2Q

图 2-18　透平速度云图

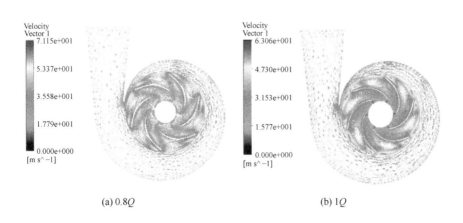

(a) 0.8Q　　　　　　　　　　　(b) 1Q

图 2-19

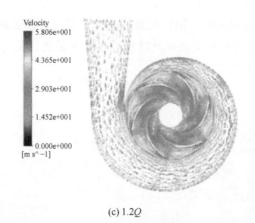

(c) 1.2Q

图 2-19　透平速度矢量图

2.3　透平叶轮多目标优化

为进一步提高离心泵反转作透平的效率，采用 RBF 神经网络结合 NSGA-Ⅱ遗传算法对离心泵反转作透平叶轮进行多目标优化。以透平性能参数效率与扬程为优化目标，使用 Plackett-Burman 筛选试验筛选出对透平性能影响较大的透平叶轮几何参数。为使样本均匀分布在样本空间，采用拉丁试验设计方法对筛选出的显著影响因素进口安放角、包角、进口宽度进行抽样，后续训练神经网络需满足样本数量为输入层变量数 10 倍的原则，因此每个因素取 30 个样本并运用 CFX 软件对样本点求解。利用 RBF 径向基神经网络拟合出优化变量与优化目标间映射关系，然后使用 NSGA-Ⅱ遗传算法进行寻优。

2.3.1　透平叶轮初始几何参数

透平设计参数如下：$H=250\mathrm{m}$，$Q=300\mathrm{m}^3/\mathrm{h}$，$n=10000\mathrm{r/min}$。其叶轮初始几何参数为：叶轮进口安放角 $\beta_1=37°$，叶轮出口安放角 $\beta_2=30°$，叶片包角 $\varphi=85°$，叶轮进口宽度 $b_1=22\mathrm{mm}$，叶轮进口直径 $D_1=160\mathrm{mm}$，叶轮出口直径 $D_2=95\mathrm{mm}$，叶片厚度 $\delta=2.5\mathrm{mm}$，叶片数 $Z=6$。叶轮初始几何模型如图 2-20 所示。

2.3.2　筛选试验设计

研究人员对透平叶轮进行优化设计时，一般采用单因素多水平的试验设计方法进行研究。该方法的优势在于试验设计简单，但没有考虑多因素间的交互影响。近年来，学者们开始通过控制多个透平叶轮几何参数的变化探究其对透平性能的影响。但由于影响透平性能的透平叶轮几何参数较多，没有取得很好的效果。因此需要去除掉对透平性能影响较小的叶轮几何参数，对筛选出的显著影响因素进行下一步的优化，这样不仅减小了计算的强度和复杂性，也提高了研究效率。

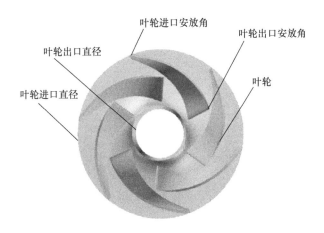

图 2-20　叶轮初始几何模型

（1）Plackett-Burman 筛选试验设计

Plackett-Burman 筛选试验可以有效筛选出对响应变量影响较大的因子，避免因影响因素较多造成在优化设计时计算量大、复杂性高，从而增加资源和时间投入。该方法在筛选显著影响因子时是通过比较因子在高水平和低水平时对响应变量的差异来确定因子显著性的。

影响透平性能的叶轮几何参数较多，为筛选出对透平性能影响较大的叶轮几何参数，本书采用 Design Expert 10 软件对透平叶轮的主要几何参数进行 Plackett-Burman 筛选试验。表 2-4 列出了 9 个影响透平性能的叶轮几何参数和各个因子的高、低两组水平，并设置了 3 个虚拟变量用作误差分析。试验共需进行 12 次，12 组透平叶轮几何参数设计如表 2-5 所列。

表 2-4　Plackett-Burman 设计因素及其水平

变量	参数	低水平	高水平
$X1$	进口安放角 $\beta_1/(°)$	34	40
$X2$	出口安放角 $\beta_2/(°)$	28	33
$X3$	包角 $\varphi/(°)$	80	120
$X4$	进口宽度 b_1/mm	20	24
$X5$	出口直径 D_2/mm	90	100
$X6$	叶片厚度 δ/mm	2	3
$X7$	前盖板圆弧半径/mm	28	32
$X8$	后盖板圆弧半径/mm	46	50
$X9$	叶片数/个	4	6
$X_{10} X_{11} X_{12}$	误差	—	—

根据表 2-5 中 12 组叶轮几何参数设计对透平机械绘制三维造型，按照上文设置，对透平进行网格划分、CFX 软件设置，计算得到 12 组透平水力性能参数效率与扬程，如表 2-6 所列。

表 2-5　12 组透平叶轮几何参数设计

序号	进口安放角 β_1/(°)	出口安放角 β_2/(°)	包角 φ/(°)	进口宽度 b_1/mm	出口直径 D_2/mm	叶片厚度 δ/mm	前盖板 /mm	后盖板 /mm	叶片数 /个
1	40	33	80	20	90	3	28	50	4
2	34	28	80	20	90	2	28	46	6
3	40	28	120	24	90	3	32	50	5
4	34	33	120	24	90	2	28	50	6
5	34	28	80	24	90	3	32	46	4
6	34	33	120	20	100	3	32	46	6
7	40	33	80	24	100	3	28	46	5
8	40	33	120	24	100	2	28	46	6
9	40	33	120	20	90	2	32	46	5
10	34	28	120	20	100	3	28	50	4
11	40	28	80	20	100	2	32	50	5
12	34	33	80	24	100	2	32	50	4

表 2-6　12 组透平水力性能参数

序号	效率/%	扬程/m	序号	效率/%	扬程/m
1	76.50	260.90	7	71.97	243.24
2	77.25	263.27	8	68.38	208.36
3	68.17	230.23	9	86.70	305.30
4	69.12	218.02	10	86.32	305.90
5	69.08	225.88	11	77.19	236.11
6	86.02	298.55	12	75.90	243.12

　　采用 Design Expert 10 软件对表 2-6 中透平性能参数效率与扬程进行回归分析,寻找对透平性能影响显著的叶轮几何参数。分析结果如表 2-7 所列,对透平效率的影响因素进口安放角、包角、进口宽度的平方和比值(%)分别为 18.20%、23.58%、58.11%,相较于出口安放角、出口直径、进口宽度、叶片宽度、前盖板圆弧半径、后盖板圆弧半径、叶片数的平方和比值(%)明显要高,并且其 P 值都低于 0.05。因此,出口安放角、出口直径、进口宽度、叶片宽度、前盖板圆弧半径、后盖板圆弧半径、叶片数并非影响透平效率的显著因素。影响透平效率的显著因素为进口安放角、包角、进口宽度。

表 2-7　效率影响因素显著性分析

因素	平方和比例/%	标准误差	P 值	重要性
进口安放角	18.20	0.52	0.0092	是
出口安放角	2.74	0.52	0.0506	否
包角	23.58	0.52	0.0045	是
进口宽度	58.11	0.52	0.0017	是
出口直径	0.96	0.52	0.0563	否

因素	平方和比例/%	标准误差	P 值	重要性
叶片宽度	0.0012	0.52	0.1265	否
前盖板圆弧半径	0.023	0.52	0.1195	否
后盖板圆弧半径	0.028	0.52	0.1354	否
叶片数	0.56	0.52	0.0938	否

同样对透平扬程影响显著的因素分析可得，进口宽度为影响透平扬程的显著因素，其他因素为不显著因素，如表 2-8 所列。

表 2-8　扬程影响因素显著性分析

因素	平方和比例/%	标准误差	P 值	重要性
进口安放角	0.20	0.28	0.0092	否
出口安放角	2.74	0.28	0.0506	否
包角	0.58	0.28	0.0045	否
进口宽度	92.3	0.28	0.0017	是
出口直径	10.74	0.28	0.0563	否
叶片宽度	20.35	0.28	0.1265	否
前盖板圆弧半径	0.65	0.28	0.1195	否
后盖板圆弧半径	0.36	0.28	0.1354	否
叶片数	3.54	0.28	0.0654	否

综上得出，对透平效率影响显著因素为进口安放角、包角、进口宽度；对透平扬程影响显著因素为进口宽度。因此，本书选用进口安放角 β_1、包角 φ、进口宽度 b_1 三个几何参数作为后续对透平优化设计的优化变量。

（2）显著因素取值范围

下面对 Plackett-Burman 筛选试验筛选出的显著影响因素进口安放角 β_1、包角 φ、进口宽度 b_1 三个几何参数进行拉丁超立方抽样，需要确定上述三个变量的取值范围，进口安放角 β_1 的取值范围为 $34° \sim 40°$，包角 φ 的取值范围为 $84° \sim 120°$，进口宽度 b_1 取值范围为 $20 \sim 24 \text{mm}$。

2.3.3　拉丁超立方抽样

因为涉及多因素、多水平情况，常用抽样方法具有容易造成采样点堆积、计算时间长、采样数量少、采样点不能有效遍及整个采样空间等缺点，为避免浪费研究资源，也为了提升试验效率，本书采用拉丁超立方抽样（Latin Hypercube Sampling，LHS）。

1979 年麦凯等基于多维分层抽样思想，提出了拉丁超立方抽样，经过学者们不断研究探索，Stein 给出了拉丁超立方抽样的数学化表述。此后该方法被广泛应用于优化计算、仿真模拟和可靠性计算等方面。拉丁超立方抽样由于采用了全空间填充且非重叠的多维分层抽样方法，因此可以充分确保抽取的样本数据填充整个样本空间，保证样本空间的完整性，并且可以防止重复和冗余采样。拉丁超立方抽样包括以下三个步骤。

① 维度分割：将每个维度的变量区间进行 N 等分，即如果维度的变量区间为 [0, 1]，那么每个维度的变量区间被分成 N 个区间：$\left(0, \dfrac{1}{N}\right)$, $\left(\dfrac{1}{N}, \dfrac{2}{N}\right)$, …, $\left(\dfrac{N-1}{N}, 1\right)$；

② 随机抽样：对于第 i 个维度（$i=1, 2, \cdots, m$），在该维度上的每个区间随机取值得到 x_1^i, x_2^i, …, x_m^i，则有 $0 \leqslant x_1^i < \dfrac{1}{N}$, $\dfrac{1}{N} \leqslant x_2^i < \dfrac{2}{N}$, …, $\dfrac{N-1}{N} \leqslant x_N^i < 1$。

③ 随机抽取：对每个维度中的抽样结果进行随机抽取，并且已经取过的值不重复选取，最终形成 m 维 N 个抽样点的抽样结果。

由上面使用 Plackett-Burman 筛选试验筛选出的显著影响因素进行拉丁超立方抽样，进口安放角 β_1 的取值范围为 34°～40°，包角 φ 的取值范围为 84°～120°，进口宽度 b_1 取值范围为 20～24mm。后续训练神经网络需满足样本数量为输入层变量 10 倍的原则，因此每个因素取 30 个样本，抽样结果如图 2-21 所示。

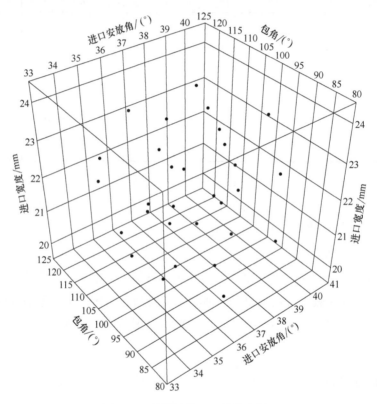

图 2-21 抽样结果（三维散点图）

根据上述拉丁超立方抽样结果对透平叶轮重新建模，再进行 CFD 数值模拟计算，分别获得 30 组 3 个优化变量所对应的 2 个优化目标数据，将得到的数据用于训练 RBF 神经网络。

30 组 3 个优化变量所对应的透平叶轮，蜗壳的三维设计、网格划分等与前面相同，之前对初始透平模型验证了网格无关性，对 30 组样本数据进行计算式仍采用约 76.2 万网格。30 组样本优化数据变量值及目标值如表 2-9 所列。

表 2-9　30 组样本数据优化变量值及目标值

序号	进口安放角/(°)	包角/(°)	进口宽度/mm	效率/%	扬程/m
1	36.48	105.10	20.97	79.98	238.70
2	38.97	113.79	23.72	69.30	231.75
3	38.76	102.62	22.76	68.38	256.73
4	34.00	92.69	22.90	80.75	240.59
5	37.93	97.66	21.66	69.59	242.78
6	37.52	91.45	23.17	76.27	257.83
7	38.14	107.59	20.28	84.69	265.70
8	34.62	88.97	21.52	76.05	249.43
9	38.55	115.03	21.38	81.23	234.78
10	35.45	100.14	23.59	76.51	236.79
11	37.31	95.17	20.14	76.85	234.40
12	39.59	90.21	22.48	75.54	248.80
13	36.69	86.48	21.93	76.05	253.56
14	37.10	108.83	22.21	78.90	233.11
15	37.72	101.38	24.00	77.44	248.38
16	34.41	106.34	21.24	81.57	236.13
17	36.90	116.28	20.69	82.46	275.26
18	39.17	87.72	20.83	79.66	245.26
19	36.07	84.00	20.55	79.47	240.00
20	34.83	118.76	21.79	82.10	230.00
21	40.00	112.55	22.34	74.83	232.35
22	38.34	120.00	22.62	73.91	226.26
23	35.66	85.24	23.31	77.69	260.00
24	35.03	96.41	20.41	71.68	229.23
25	35.24	110.07	20.00	84.26	280.54
26	35.86	98.90	22.07	74.68	236.50
27	34.21	111.31	23.03	65.42	218.60
28	39.38	93.93	23.86	76.24	254.55
29	36.28	117.52	23.45	74.06	224.62
30	39.79	103.86	21.10	78.09	236.11

2.3.4　人工神经网络建模

通过 Plackett-Burman 筛选试验筛选出进口安放角、包角、进口宽度作为优化变量，而优化目标有两个：透平效率、透平扬程。由于多个叶轮几何参数与透平之间为多维非线性关系，因此构建其数学模型有一定难度，学者们暂时还无法找到合适的数学模型来进行描述。

随着神经网络的发展，学者们发现可以通过训练神经网络来描述透平优化变量（进口安放角、包角、进口宽度）与两个优化目标（透平效率、透平扬程）之间的关系。

(1) 神经网络概述

神经网络出现较早，自出现以来就是学者们关注的热点。而随着科学家的不断探索，神经网络从最初能够对简单形状进行分类到能够识别手写体字符，再到如今帮助科学家解决各类问题，神经网络被应用于多个学科中，成为解决一些关键问题的重要手段。神经网络模拟生物大脑，由各个神经元连接而成，神经元在收到输入信号后，经过函数计算与权重计算将信号输出。神经网络的结构一般分为输入层、隐层、输出层以及连接线。其中每一层都有大量神经元组成，而连接线代表不同权重。通过大量已知的输入层与输出层数据，对神经元进行训练，调整神经元之间的权重以及神经元之间的非线性函数关系，拟合出输入变量与输出变量之间的关系。

经过学者多年的研究，神经网络发展迅速，其中在透平机械优化设计领域较为常用的有误差反向传播算法（BP）和径向基函数神经网络（RBF）。

BP 神经网络由 Rumelhart 和 McClelland 等提出，并给出了基于数学的完整推导。图 2-22 展示了一个具有代表性的 BP 神经网络结构，其中包含输入层、隐层、输出层。BP 神经网络是一种多层前馈神经网络，它的学习过程可分为正向传播与误差的反向传播。正向传播时，在收到输入信号后，经隐层神经元与它们之间的非线性函数关系处理来到输出层。若实际输出与期望输出之间的误差大于规定误差，则将误差值反向传播，误差值均摊给隐层的各个神经元，重新调整神经元之间的非线性函数关系，在多次修正满足误差条件或满足迭代数后得到最后的 BP 神经网络。BP 神经网络的自学习和自适应能力强，还有着较强的非线性映射能力，但存在以下缺陷。

① BP 神经网络的收敛速度慢，这主要是由于其原理造成的，将误差值反向传播后，让每个神经元均摊，因此每个神经元对输出结果都有一定的影响。

② 容易陷入局部极小值。这是由于 BP 神经网络的权值是沿局部改善调整的。

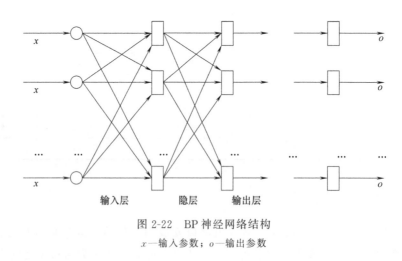

图 2-22 BP 神经网络结构

x—输入参数；o—输出参数

(2) RBF 神经网络

为避免 BP 神经网络的缺陷，本书采用 RBF 神经网络，如图 2-23 所示为 RBF 神经网

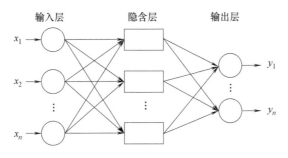

图 2-23　RBF 神经网络结构

络结构。

一般情况下，RBF 神经网络采用如下几种函数。

高斯函数：

$$\Phi(x)=\exp\frac{-x^2}{\sigma^2} \tag{2-31}$$

多二次函数：

$$\Phi(x)=(x^2+c^2)^{\frac{1}{2}}\ (c>0,x\geqslant0) \tag{2-32}$$

逆多二次函数：

$$\Phi(x)=(x^2+c^2)^{-\frac{1}{2}}\ (c>0,x\geqslant0) \tag{2-33}$$

薄板样条函数：

$$\Phi(x)=x^2\lg(x) \tag{2-34}$$

上述 4 种函数的逼近能力都比较好，其中，最常用的是高斯函数。相较于 BP 神经网络，RBF 神经网络的优点如下。

① RBF 神经网络的逼近能力要优于 BP 神经网络，而且 RBF 神经可以自动增加神经元来满足精度要求，其拓扑结构紧凑，收敛速度快。

② RBF 神经网络与 BP 神经网络计算权重的原理不同，结构简单，训练速度更快。

（3）RBF 神经网络模型建立

由于透平性能指标效率、扬程与透平叶轮几何参数进口安放角、包角、进口宽度之间为未知的非线性关系，暂时还不能构建出合适的数学模型。因此可采用 RBF 神经网络构建出透平性能指标效率、扬程与透平叶轮几何参数进口安放角、包角、进口宽度之间的映射关系。

MATLAB 软件拥有几种 RBF 函数建立方式，本书所需的 RBF 神经网络基于 newrb（）函数构建，格式如下。

$$net＝newrb(P,T,goal,spread,MN,DF)$$

式中　P——输入向量；

　　　T——目标向量；

　goal——均方误差，默认值是 0；

spread——径向基函数的分布密度；

MN——神经元最大数目；

DF——2 次显示间所添加的神经元数。

此外，还需赋值以下基本参数：RBF 神经网络的均方误差 goal＝0.001；径向基函数分布密度 spread＝2；传递函数为 Radbas 函数；权值矩阵和输入矢量距离采用 Dist 函数计算；其他参数设置均采用系统初始值。

2.3.5 多目标优化与遗传算法

(1) 多目标优化

单目标优化问题是对一个目标变量进行优化，但在工程实际中，需要优化的变量一般是多维度的，目标函数往往也是多维度的。在进行多目标问题优化时，潜在的假设为所需优化的目标之间互相矛盾，当一个目标达到最优时通常另一个或多个其他目标的性能会急剧下降，因此多目标问题不存在一个最优解，只能在各目标间统筹协调，让每个目标尽可能接近最优值，获得一个相对最优方案。多目标优化问题的一般数学模型如下。

$$\max\{z_1 = f_1(x), z_2 = f_2(x), z_q = f_q(x)\} \tag{2-35}$$
$$\text{s. t.} \qquad g_j(x) \leqslant 0 \quad i = 1, 2, \cdots, m$$

多目标优化方法有转化法、非劣解集法和交互协调法，其中非劣解集法在透平机械优化设计中应用较为广泛，非劣解又称有效解，指当在所有解集中找不到一个解能够满足所有目标达到最优值时，找到一个解至少满足一个目标达到或接近最优。这种解的集合称为非劣解集。寻找到非劣解集后，需要在非劣解集中根据优化目的进行选择，确定出符合要求的解。

(2) 遗传算法概述

Holland 教授在 1975 年提出了遗传算法，该方法使用遗传、交叉和变异等基本算子模拟自然界生物进化过程，采用适用度函数对个体进行评测，将劣质个体淘汰，优质个体保留。该算法的鲁棒性强，常用在寻找优化解方面。与传统优化方法相比，其优势在于可以寻找全局优化解。

遗传算法基本流程如图 2-24 所示：首先建立目标问题的数学模型，随机生成初始化种群，对个体进行评估，将劣质个体种群进行选择、交叉、变异等操作生成新一代种群后

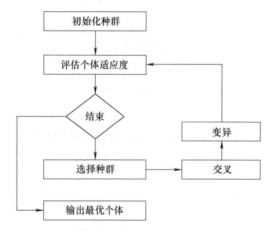

图 2-24　遗传算法基本流程

再次评估，直至生成最有优体或达到最大迭代次数结束算法。

学者们对遗传算法的研究不断深入，发现遗传算法在实际应用中存在一些问题，如个体过度繁殖、早熟收敛等。为减少这种情况的发生，Srinivas 和 Deb 提出了非支配排序遗传算法（Non-dominated Sorting Genetic Algorithms，NSGA）。该算法首次提出了非支配排序概念，保持了原遗传算法的交叉、变异等操作。然而，大量应用发现，NSGA 遗传算法在解决了个体过度繁殖、早熟收敛等问题后，也带来了一些其他问题，如进行支配排序时会使计算量增多，计算复杂程度提高，而且种群数量过多时，难以保证优质个体的保存。

（3）NSGA-Ⅱ遗传算法

为弥补 NSGA 遗传算法的缺点，2000 年 Srinivas 和 Deb 提出了带精英策略的快速非支配排序遗传算法（NSGA-Ⅱ遗传算法）。该算法降低了计算复杂度，将计算复杂度由 $O(MN^3)$ 降为 $O(MN^2)$，加入了拥挤度和拥挤度比较算子，保持了样本多样性。并且为保证优质个体不再丢失，添加了精英机制。如图 2-25 所示，NSGA-Ⅱ遗传算法的主要执行步骤如下。

首先，生成初始种群并对初始种群按照非支配排序法将整个种群分级，支配度较低的种群淘汰，同时对个体进行拥挤度计算，将拥挤度小的个体淘汰，剩余个体依据遗传算法基本操作生成下一代种群。

其次，将子代种群与父代种群合并再进行非支配排序，重复第一步操作，反复迭代，直到满足程序结束的条件。

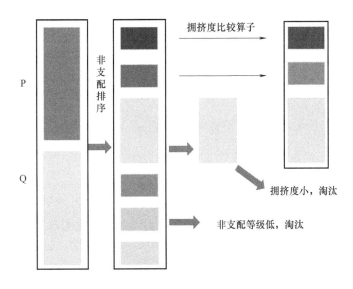

图 2-25　NSGA-Ⅱ遗传算法执行步骤

P—父代种群；Q—子代种群

将训练好的神经网络作为 NSGA-Ⅱ遗传算法的适应度值响应模型，利用 NSGA-Ⅱ遗传算法的全局寻优特性，找到最优透平性能参数相对应透平几何参数值。NSGA-Ⅱ遗传算法的优化流程如 2-26 所示。

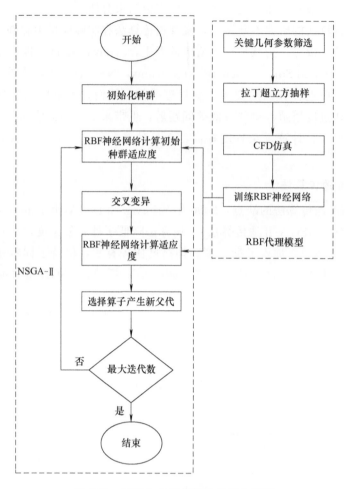

图 2-26　NSGA-Ⅱ遗传算法的优化流程

2.3.6　优化结果

（1）NSGA-Ⅱ遗传算法优化结果分析

在使用 NSGA-Ⅱ遗传算法进行全局寻优时，定义种群大小为 200，最大遗传代数为 100，交叉概率为 0.9。经过 NSGA-Ⅱ遗传算法优化后得到的效率最优的前 3 组解如表 2-10 所列，其中效率最优为 83.34%。

表 2-10　效率最优的前 3 组解

序号	进口安放角 $\beta_1/(°)$	包角 $\varphi/(°)$	进口宽度 b_1/mm	效率 $\eta/\%$	扬程 H/m
1	34.36	118.15	21.03	83.34	247.43
2	38	116	21	83.14	250.52
3	38.38	116.63	21	82.83	249.65

为验证 RBF 神经网络预测精度，根据表 4-7 中参数值对叶轮三维建模并导入 CFX 软

件中进行数值模拟，得到仿真试验数据。CFX 仿真效率与 RBF 预测效率对比见表 2-9。由表 2-11 可以看出，CFX 仿真效率与 RBF 预测效率误差在 1.15% 之内，扬程误差在 1.7% 之内，均在误差许可范围内。

表 2-11 CFX 仿真效率与 RBF 预测效率对比

序号	CFX 仿真效率 /%	RBF 预测效率 /%	效率误差 /%	CFX 仿真扬程 H/m	RBF 预测扬程 H/m	扬程误差 /%
1	82.20	83.34	1.14	243.32	247.43	1.61
2	82.12	83.14	1.02	247.58	250.52	1.17
3	82.75	82.83	0.08	252.63	249.65	1.19

原模型与效率最优个体的叶轮三维模型对比如图 2-27 所示，其中效率最优个体较原模型的进口安放角减小 2.64°，包角增加 33.15°，进口宽度减小 0.97mm。

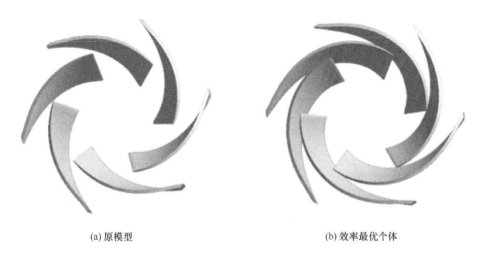

(a) 原模型　　　　　　　　　　　　　　　(b) 效率最优个体

图 2-27 原模型与效率最优个体的叶轮三维模型对比

(2) 优化前后透平外特性对比分析

优化后的模型建模后导入 CFX 软件求解得出透平性能参数，优化前后外特性对比如图 2-28 所示。经对比分析可以发现，随着流量的增加，优化前后模型外特性曲线变化趋势基本一致。效率曲线先上升到达最佳效率点后降低，扬程和轴功率曲线随流量的增加呈上升状态。优化后模型在设计工况点比原模型效率提高了 4.67%。

(3) 优化前后透平流场截面对比分析

① 透平叶轮湍动能对比分析。湍动能是恒量流体做功的关键参数，其值越大，能量损失越大，流体对叶片做功能力减小，能量回收效率降低。由图 2-29 可以看出，在叶轮的外边缘处，湍动能数值较大，这表示在上述位置湍流强度较大，能力损失较多。优化后的湍流发生区域明显缩小，且数值也要小一些。总体来说，优化后的湍动能减小，能量耗散少，说明流体对叶片的做功能力增加，能量回收效率升高。

② 透平压力场对比分析。图 2-30 所示为优化前后透平模型在中间剖面上的压力场分布对比。从图 2-30 中可以看出，压力能从蜗壳进口到叶轮出口不断减小，流体的压力能

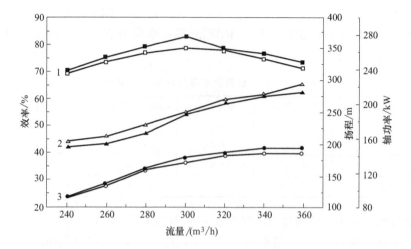

图 2-28 优化前后外特性对比

1—□—优化前效率；2—△—优化前扬程；3—○—优化前轴功率；

1—■—优化后效率；2—▲—优化后扬程；3—●—优化后轴功率

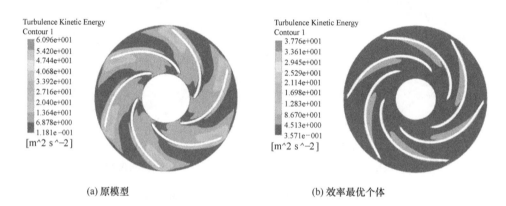

(a) 原模型   (b) 效率最优个体

图 2-29 优化前后湍动能对比

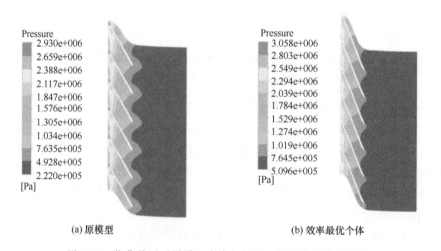

(a) 原模型   (b) 效率最优个体

图 2-30 优化前后透平模型在中间剖面上的压力场分布对比

推动叶轮旋转做功转换为机械能。原模型中叶轮与蜗壳交接处压力梯度变化不均匀,会造成能量损失增加。叶片进口角处的压力较大,对叶片有一定损伤。通过对比可知,优化后模型压力梯度变化相对稳定,叶片进口角处压力减小,流体能量得以均匀转换,透平模型的水力性能更好。

③ 透平速度场对比分析。图 2-31 所示为优化前后透平模型在中间剖面上的速度场分布对比。从图 2-31 中可以看出,原模型叶轮与蜗壳交接处速度梯度变化较大,工作面存在明显漩涡区,能量损失较大,能量回收效率较低。优化后模型速度梯度变化减小,漩涡区域缩小,流体的流动情况得到明显改善,能量耗损降低。

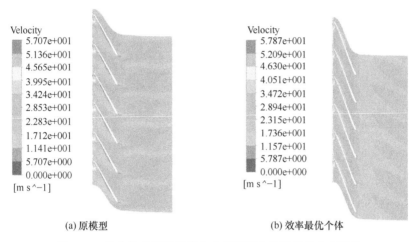

(a) 原模型　　　　　　　　　　　　(b) 效率最优个体

图 2-31　优化前后透平模型在中间剖面上的速度场分布对比

(4) 优化后透平叶轮模型多工况流场分析

图 2-32 和图 2-33 展示了优化后的透平叶轮模型在多工况下的流线分布,流线可以表示流体在流道中的流动趋势。图 2-32 所示为透平叶轮吸力面流线分布,在小流量工况时,透平叶轮吸力面涡流区域较大,出现较多的回流以及涡旋,不仅会造成流动紊乱,流道阻塞,也会导致能量损失加大。随着流量增加,可以发现回流与涡旋现象逐渐减少,流道顺畅。图 2-33 所示为透平叶轮压力面流线分布,随着流量的增加,透平叶轮进口处流体与

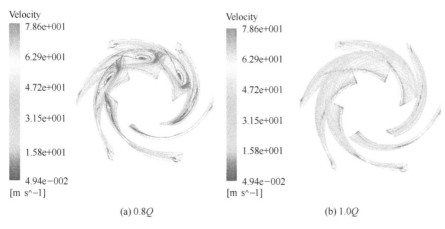

(a) 0.8Q　　　　　　　　　　　　　(b) 1.0Q

图 2-32

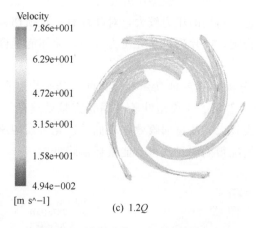

(c) 1.2Q

图 2-32   透平叶轮吸力面流线分布

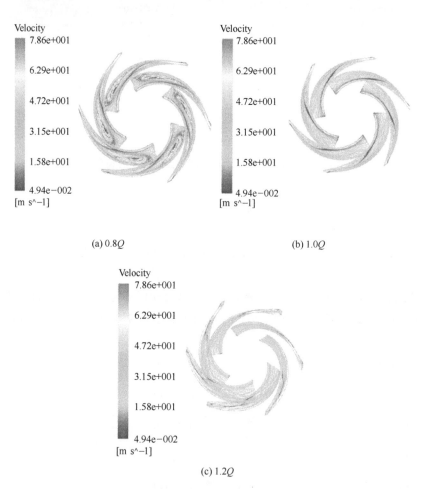

(a) 0.8Q

(b) 1.0Q

(c) 1.2Q

图 2-33   透平叶轮压力面流线分布

叶轮的碰撞增多，使得进口处的回流与涡旋明显增加，能量损耗也会上升。

图 2-34 和图 2-35 展示了优化后透平叶轮模型在多工况下的压力分布。通过观察可以

发现在原工况下压力梯度分布均匀，而在 $0.8Q$ 工况下，出口处的压力较高，不能对流体的压力能进行有效回收。随着流量增加，在 $1.2Q$ 工况下，透平叶轮上压力变化不均匀，变化梯度增大，能量损失增加。

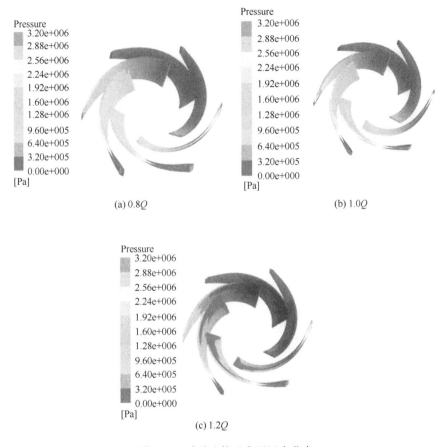

图 2-34　透平叶轮吸力面压力分布

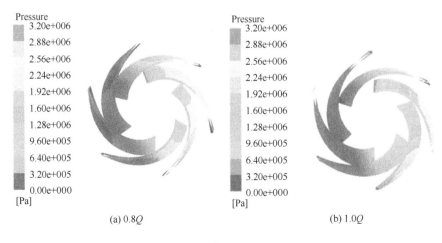

图 2-35

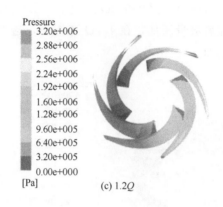

图 2-35 透平叶轮压力面压力分布

2.4 泵侧水力部件设计

2.4.1 泵侧蜗壳设计

蜗壳通常也有圆形蜗壳、梯形蜗壳、非对称蜗壳三种，对于高速离心泵来说，蜗壳内部的流动状态较为复杂，易造成水力损失。所以在进行蜗壳选择的时候要优先考虑沿程损失与局部损失都比较小的结构，选用结构简单的圆形蜗壳，可以保证介质在蜗壳内部的流动更为均匀，减少能量的损耗。

泵侧蜗壳设计方法与透平侧相同，参见 2.2.1（3）。

2.4.2 泵侧数值模拟计算

(1) 泵侧模型计算域

以表 2-12 列出的设计参数为基础，经过相关设计理论计算得到泵侧叶轮的结构参数。按照已有的叶轮几何参数通过 PRO/E 和 ANSYS-BladeGen 软件完成三维建模。为提高模拟结果的准确度与可靠度，在叶轮进口处增加延伸段。

表 2-12 透平增压泵泵侧叶轮几何参数

叶轮外径 D_2 /mm	叶轮出口宽度 b_2 /mm	叶片出口安放角 β_2 /(°)	叶轮叶片数 Z /个
135	16.5	30	5

泵侧过流部件包括叶轮、蜗壳和进口处的延伸管三部分。叶轮采用经 ANSYS-BladeGen 软件创建与优化的叶轮模型，蜗壳采用圆形截面的蜗壳，叶轮进口连接的扩散管长度设置为叶轮进口直径的 4 倍。图 2-36 所示为泵侧全流场装配体。

(2) CFX 参数设置

采用 ANSYS-CFX 对泵侧进行全流场数值模拟分析，选择定常分析状态。设置叶轮

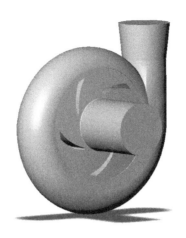

图 2-36 泵侧全流场装配体

为转子 R_1，转速数值为 10000r/min，蜗壳与扩散管为定子 S_1 和 S_2。选用 k-ε 湍流模型。其他的参数设置见表 2-13。

表 2-13 边界与交界面设定

边界类型	边界条件设定	计算域
进口	质量流量进口	进口延长段
叶轮盖板	无滑移旋转壁面	叶轮
叶轮叶片	无滑移旋转壁面	叶轮
出口	压力出口	蜗壳
进口延长段与叶轮旋转进口	Frozen Rotor	交界面
叶轮旋转出口与蜗壳进口	Frozen Rotor	交界面

（3）流动控制方程

流体动力学方程是一系列微分方程组，其包括连续性方程、能量方程、动量方程。N-S 方程是由 Navier 在 1821 年和 Stokes 在 1845 年分别创立的方程，用来描述黏性可压缩流体动量守恒的运动规律。N-S 方程与动量守恒方程、质量守恒方程共同构成描述流体运动的封闭方程组，适合于所有的连续流动介质和流动状态。

① 连续性方程。连续性方程描述的是流体介质在流动中质量保持不变，即其质量在流动中是恒定的，不发生丝毫变化。具体表达式如下。

$$\nabla \vec{v} = 0 \tag{2-36}$$

式中　∇——哈密顿算子。

② 动量方程（N-S 方程）。动量方程表示流体在流动过程中动量变化率与作用在该体积上质量力、表面力的总和相等。其表达式为

$$\frac{\mathrm{d}\vec{v}}{\mathrm{d}t} = \frac{\partial \vec{v}}{\partial t} + \vec{v} \cdot \nabla \vec{v} = \vec{F} - \frac{1}{\rho}\nabla p + v\,\nabla^2\vec{v} - [2\omega\times\vec{v} + \omega\times(\omega\times R)] \tag{2-37}$$

式中　　　　$\vec{v}$——相对速度，m/s；

　　　　　　υ——水体运动黏度，m^2/s；

　　　　　　t——时间，s；

　　　　　　F——单位质量流体被施加的质量力，N；

　　　　　　ρ——水体密度，kg/m^3；

　　　　　　p——压力，Pa；

　　　　　　ω——角加速度，rad/s^2；

　　　　　　R——半径，mm；

　　$-2\omega\times\vec{v}$——科氏力；

$-\omega\times(\omega\times R)$——离心力。

2.4.3　泵侧数值模拟结果

(1) 泵侧外特性曲线

如图 2-37 所示为透平增压泵泵侧的外特性曲线，在设计流量 QBEP 前，效率会随着流量比值的增长而不断提高，在 QBEP 之后，效率出现了下降的现象，在设计流量点效率是最高的，数值可达到 58.6%。泵侧的扬程数值是呈下降趋向的，随着流量的增长不断减小，而且下降速度与流量比值基本呈比例关系。轴功率曲线呈现的是一种上升走势，在设计流量附近增长速度较快，其他部分增长较为缓慢。

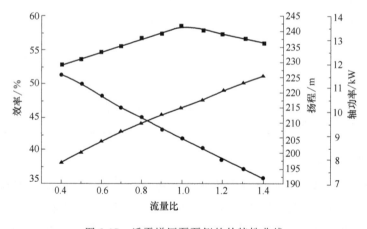

图 2-37　透平增压泵泵侧的外特性曲线
■—效率；●—扬程；▲—轴功率

(2) 泵侧内部流场分析

图 2-38～图 2-40 所示分别为泵侧模拟计算得到的压力云图、速度云图以及速度矢量图，由此对比分析泵侧内部流场流动状态。

由模拟得出的压力云图可以看出，随着流量的增加，压力云图越来越均匀，$1.0Q$ 与 $1.25Q$ 工况的压力梯度较为均匀，叶轮进口到蜗壳的压力沿流线方向逐渐升高，呈现层状分布，进口压力为 6.3MPa，出口为 8.3MPa，$0.75Q$ 工况下的压力分布不规则，出现混乱，梯度变化不均匀。

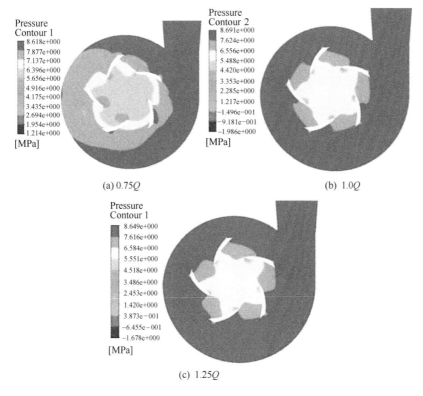

(a) 0.75Q

(b) 1.0Q

(c) 1.25Q

图 2-38 泵侧内部压力云图

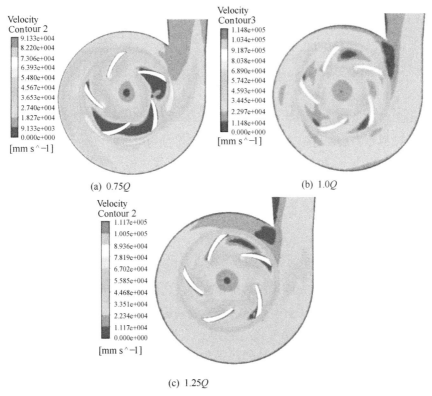

(a) 0.75Q

(b) 1.0Q

(c) 1.25Q

图 2-39 泵侧内部速度云图

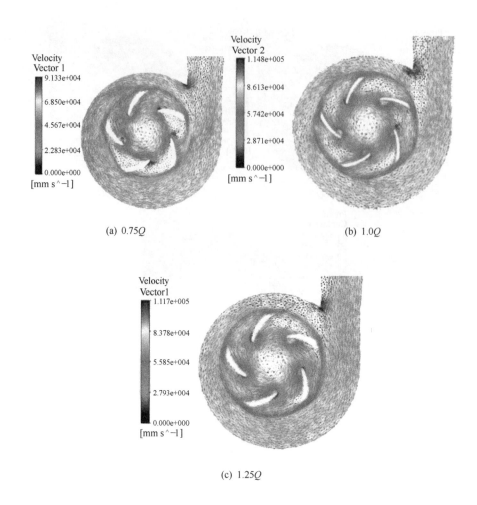

(a) 0.75Q

(b) 1.0Q

(c) 1.25Q

图 2-40　泵侧内部速度矢量图

由速度云图与矢量图能够看出，0.75Q 工况下叶片部分因为脱流导致的涡旋现象最为严重，涡流区域较大，随着流量的增加，涡流现象得到改善，所以 1.0Q 与 1.25Q 工况下涡流区域较小。但 1.25Q 工况下叶轮与蜗壳交界面处速度梯度跳跃比较大，此区域流动复杂，能量损失严重。

泵侧的优化也可采用正交试验法和神经网络等方法，不再赘述。

2.5　本章小结

本章主要介绍了透平增压泵的水力结构设计方法，详细叙述了基于神经网络的透平叶轮优化方法。分析了透平叶轮几何参数对透平性能的影响，并筛选出对透平性能影响显著的三个透平几何参数，即进口安放角 β_1、包角 φ、进口宽度 b_1。使用拉丁超立方试验设计方法对上述透平几何参数进行随机抽样，采用 CFX 数值模拟对试验样本进行仿真，得到其对应效率及扬程。以其为训练样本对 RBF 神经网络进行训练并得到响应模型。采用 NSGA-Ⅱ 遗传算法结合训练好的 RBF 神经网络在给定样本空间内寻优。优化结果显示：

效率最优个体包角 φ 相对原模型有所增加，进口安放角 β_1 和进口宽度 b_1 减小。通过对效率最优个体数值模拟，并将其与原模型数据对比发现，效率最优个体较原模型湍动能分布、压力分布、速度分布都得到了明显改善。

参考文献

［1］ 刘建荣 . 高扬程液力透平叶轮的设计与研究 [D] . 石家庄：河北科技大学，2016.

［2］ 陈凯 . 前弯型叶片叶轮液力透平水力性能研究 [D] . 镇江：江苏大学，2016.

［3］ 纪旭 . 离心泵作透平回收余压能的发电并网装置的优化研究 [D] . 兰州：兰州理工大学，2015.

［4］ 莫乃榕 . 工程流体力学 [M] . 武汉：华中科技大学出版社，2000.

［5］ 吴克起 . 透平压缩机械 [M] . 北京：机械工业出版社，1989.

［6］ 袁寿其 . 离心泵叶轮和泵体形状对扬程曲线驼峰的影响 [J] . 流体工程，1993（6），12-17.

［7］ 黄茜，袁寿其，张金凤，等 . 叶片包角对高比转数离心泵性能的影响 [J] . 排灌机械工程学报，2016，34（09）：742-747.

［8］ 杨从新，崔宗辉 . 叶轮流道扩散度对超低比转速离心泵性能的影响 [J] . 兰州理工大学学报，2015，41（06）：48-53.

［9］ 杨乐乐 . 离心泵参数化设计与内部流场仿真研究 [D] . 秦皇岛：燕山大学，2017.

［10］ 曹卫东，李跃，张晓姊 . 低比转速污水泵叶片包角对水力性能的影响 [J] . 排灌机械，2009（6）：362-366.

［11］ 吴贤芳，谈明高，刘厚林，等 . 叶片出口角对离心泵性能曲线形状的影响 [J] . 农机化研究，2010（9）：166-175.

［12］ 吴贤芳 . 离心泵关死点性能的研究 [D] . 镇江：江苏大学，2013.

［13］ Derakhshan S, Nourbakhsh A, Mohammadi B. Efficiency improvement of centrifugal reverse pumps [J] . ASME Journal of Fluids Engineering, 2009, 131（2）：21103-21109.

［14］ Jain S V, Swarnkar A, Motwani K H, et al. Effects of impeller diameter and rotational speed on performance of pump running in turbine mode [J] . Energy Conversion and Management, 2015, 78（1）：808-824.

［15］ Giosio D R, Henderson A D, Walker J M, et al. Design and performance evaluation of pump-as-turbine microhydro test facility with incorporated inlet flow control [J] . Renewable Energy, 2015, 78：1-6.

［16］ Punit Singh, Franz Nestmann. Internal hydraulic analysis of impeller rounding in centrifugal pumps as turbines [J] . Experimental Thermal and Fluid Science, 2011, 35（1）：121-134.

［17］ 盛树仁，房壮为 . 可逆式水轮机转轮水力设计的探讨 [J] . 大电机技术，1983（5）：2，45-52.

［18］ 杨孙圣，孔繁余，陈浩，等 . 叶片进口安放角对液力透平性能的影响 [J] . 中南大学学报（自然科学版），2013，33（1）：108-113.

［19］ 史广泰，杨军虎 . 液力透平进口截面对水力损失及速度矩的影响 [J] . 西华大学学报（自然科学版），2015，34（1）：84-89.

第 3 章

透平增压泵性能测试

研究流体机械的方法分为理论分析、试验研究和 CFD 数值模拟计算。理论分析可为试验研究和数值模拟提供理论指导，试验研究为 CFD 数值模拟提供数据依据，CFD 数值模拟能够总结试验研究和理论析的结果，通过与实际检测结果对比检验理论分析的准确性，故试验研究在流体分析中是十分重要且必不可少的。本章主要介绍透平增压泵性能测试平台的组成与透平增压泵性能测试方法。

3.1 透平增压泵性能参数

透平增压泵性能是由其性能参数表示的。表征其性能的主要参数有：两侧流量、泵扬程、透平水头、功率、效率、转速和泵侧允许吸上真空高度（或必需汽蚀余量）。这些参数之间互为关联，当其中某一参数发生变化时，其他参数也会发生相应的变化。为了深入研究透平增压泵的性能，必须首先掌握性能参数的物理意义。

(1) 流量

流量是指单位时间内流入透平入口断面或流出泵出口断面的液体体积或质量。流量可分为体积流量与质量流量。体积流量是指单位时间内通过过流断面的流体体积，用 Q 表示，单位为 m^3/s、m^3/h、L/min 等；质量流量是指单位时间内流体通过封闭管道或敞开槽有效截面的流体质量，用 Q_m 表示，单位为 t/h、kg/s 等。

根据定义，体积流量与质量流量有如下关系。

$$Q_m = \rho Q \tag{3-1}$$

式中　ρ——被输送液体的密度。

(2) 泵扬程和透平水头

扬程指被输送的单位质量液体流经泵后所获得的能量增值，通常用 H 表示，单位为 m。

透平水头指单位质量液体流经透平后与叶轮所交换的能量，通常也用 H 表示，单位为 m。

(3) 泵功率

泵功率是指水泵在单位时间内对液流所做功的大小，单位为 W 或 kW。

水泵的功率可分为五种，分别为轴功率、有效功率、动力机配套功率、水功率和泵内损失功率。

① 轴功率。轴功率是指泵在运行时原动机传递到泵转轴上的功率，也是实际输入的净功率，用 P 表示。通常水泵铭牌上所列的功率均指水泵轴功率。

② 有效功率。有效功率是指单位时间内，流出水泵的液流获得的能量，即水泵对被输送液流所做的实际有效功，用 P_e 表示。

$$P_e = \rho g Q H \tag{3-2}$$

式中　ρ——液体的密度，kg/m^3；

　　　g——重力加速度，$9.8m/s^2$；

　　　Q——介质的体积流量，m^3/s；

　　　H——扬程，m。

③ 动力机配套功率。动力机配套功率是指与水泵配套的原动机的输出功率。

考虑到水泵运行时可能出现超负荷情况，所以动力机的配套功率通常选择得比水泵轴功率大，用 P_g 表示。

④ 水功率。水功率是指水泵的轴功率在克服机械阻力后剩余的功率，也就是叶轮传递给通过其内的液体的功率，用 P_w 表示。

⑤ 泵内损失功率。水泵的输入功率（即轴功率）只有部分传给了被输送的液体，这部分功率即是有效功率，另一部分被用于克服水泵运行中泵内存在的各种损失，也就是损失功率。

泵内的功率损失可以分为三类，即水力损失、容积损失和机械损失。

a. 水力损失。流体在泵体内流动时，如果流道光滑，阻力就小些；流道粗糙，阻力就大些。水流进入转动的叶轮或水流从叶轮中出来时还会产生碰撞和漩涡引起损失。以上两种损失称为水力损失。

b. 容积损失。叶轮是转动的，而泵体是静止的，一小部分流体从叶轮和泵体之间的间隙回流到叶轮的进口；另外，有一部分流体从平衡孔回流到叶轮进口或从轴封处漏损，这些损失称为容积损失。

c. 机械损失。原动机传到泵轴上的功率（轴功率），首先有一部分要去克服轴承和密封装置的摩擦损失，剩下的轴功率用于带动叶轮旋转。但叶轮在泵体内转动时，叶轮前后盖板要与流体产生摩擦，都要消耗一部分功率，这些由于机械摩擦引起的损失总称为机械损失。

(4) 效率

透平增压泵传递能量的有效程度称为效率，用 η 表示。透平侧入口高压液体与出口低压液体的能量差为透平增压泵输入的能量，泵侧进出口的液体的能量差为透平增压泵输出的能量。由于机械损失、水力损失和容积损失，透平增压泵的效率小于 1。

(5) 转速

透平增压泵泵轴每分钟的转数，称为转速，用 n 表示，单位为 r/min。透平增压泵转速与其他性能参数有着密切的关系，一定的转速会产生一定的泵流量、泵扬程及透平水头，当转速改变时，将引起其他性能参数发生相应的变化。

（6）允许吸上真空高度和必需汽蚀余量

允许吸上真空高度和必需汽蚀余量都是表征泵侧在标准状态下的汽蚀性能（吸入性能）的参数，分别用 H_s 和 Δh_r 表示，单位为 m。

泵工作时，若装置设计或运行不当，会出现泵侧进口处压力过低，产生汽蚀，出现水泵性能下降甚至流动间断、振动加剧的状况。泵内出现汽蚀现象后，水泵便不能正常工作，汽蚀严重时甚至不能工作。但透平增压泵泵侧入口一般具有一定压力，可避免汽蚀现象。

3.2 透平增压泵性能测试平台

透平增压泵试验测试系统主要包括多级增压泵、水箱、空气压缩机、透平增压泵、压力表和流量计、一系列的阀门和管道等。如图 3-1 所示为透平增压泵性能测试系统框图。

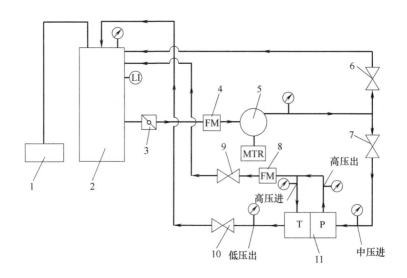

图 3-1 透平增压泵性能测试系统框图

1—空气压缩机；2—正负压水箱；3—蝶阀；4—低压电磁流量计；5—多级增压泵；
6,7,9,10—调节阀；8—高压电磁流量计；11—透平增压泵

测试的内容是在保证离心泵以额定转速运行时，从小到大地调节泵出口阀门开度，依次调节阀门开度得到需要的流量值，测量各流量运行下离心泵的进口压力、出口压力、流量、转矩、转速等参数。

蝶阀 3 用来控制整个系统开关，开始试验时需要将蝶阀打开，试验结束将其关上，4和 8 均是电磁流量计。开始试验时，水箱中的水通过打开蝶阀进入多级增压泵 5 中进行加压，利用电磁流量计 4 来测量其流量参数，压力表测量压力。

为保证透平增压泵泵侧的设计流量，多级增压泵加压后的液体（一般采用清水介质）分为两条管路，主管路通向透平增压泵泵侧，再加一条辅助管路通向水箱，辅助管路在进

水流量比泵侧设计流量多时打开以调节流量，保证泵侧的设计流量。多级增压泵加压后的水进入泵侧加压，透平增压泵泵侧设计流量要比透平侧设计流量多，所以泵侧加压后的液体一部分进入透平侧进行能量回收，一部分液体通过旁路回到水箱，透平侧的低压液体通过管路回到水箱。图3-2所示为透平增压泵性能测试系统模型。

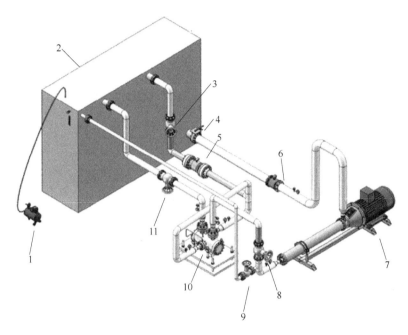

图3-2 透平增压泵性能测试系统模型

1—空气压缩机；2—正负压水箱；3—调节阀；4—蝶阀；5—高压电磁流量计；
6—低压电磁流量计；7—多级增压泵；8,9,11—调节阀；10—透平增压泵

(1) 流量测量

测试过程中对流量的精确测试是十分重要的，而可测试流量的仪器有很多，如节流式流量计、转子流量计、电磁流量计等，在不同工况下要选择合适的流量计进行测量。由于电磁流量计有测量精度不受流体密度、黏度、温度、压力和电导率变化的影响，传感器感应电压信号与平均流速呈线性关系，测量精度高，因此常用于流体机械测试系统。

本测试系统中在不同压力下的流速采用相对应的电磁流量计进行测量，表3-1为电磁流量计规格。

表3-1 电磁流量计规格

项目	类型	最高压力/MPa	精度/%
低压电磁流量计	15006-WPR-B	3	≤0.05
高压电磁流量计	80006-WPR-A	25	≤0.05

(2) 压力测量

采用压力表测量出泵和透平各自的进出口压力数值。

压力表应装在明显、管道平直段及不发生震动的地方，并要注意系统介质自身引起的

静压差。应采用专用压力表接头，这样能使压力表面做任意角度的调整而不影响其密封性。压力表规格见表 3-2。

表 3-2　压力表规格

类别	量程范围/MPa	精度/%
低压压力表	0～3	≤0.075
高压压力表	0～25	≤0.075

(3) 空气压缩机

空气压缩机可为水箱提供动力。空气压缩机的种类很多，此透平增压泵性能测试系统中选用的是速度型压缩机。

(4) 流量调节

流量调节控制可保持排放量的恒定，通常采用流量调节阀进行控制。

流量调节阀通过接收调节控制单元输出的控制信号，借助动力操作去改变流体流量。调节阀一般由执行机构和阀门组成。

蝶阀是一种结构简单的调节阀，可用来切断管路中介质的流通，或调节管路中的介质流量的大小。另外，蝶阀还可用于控制空气、水、蒸汽、各种腐蚀性介质、泥浆、油品、液态金属和放射性介质等各种类型流体的流动。

(5) 多级增压泵

卧式多级增压泵具有扬程大、效率高、性能范围广、运行安全平稳、噪声低、寿命长、安装维修方便等特点，可用于输送清水或物理化学性质类似于水的其他液体。

本测试系统采用卧式多级筒袋泵，具体形式为两端支撑、多级、双层、壳体式离心泵。

透平增压泵性能测试系统现场如图 3-3 所示。

图 3-3　透平增压泵性能测试系统现场（石家庄某科技有限公司）

测试时需注意以下事项。

① 在开始进行测试前，需要对整套测试装置进行全面、认真的检查，保证没有明显的试验装置连接错误和安全隐患。

② 测试台的试验精度都达到一级，以保证测试结果的准确性。

③ 性能试验的前提条件是在无汽蚀状况下进行，否则将直接影响参数测试的正确性。

④ 测量的工况点的流量值，必须在流量稳定并且无大波动的情况下进行测量。

⑤ 测试结束后，将所得数据仔细整理。

3.3　液力透平水力性能测试方法

3.3.1　液力透平水力性能参数

因透平增压泵分为透平侧和泵侧，所以在水力性能测试中需要分别对其进行试验。输送非清洁冷水液体的透平增压泵可以用常温清水进行流量、扬程和效率的测试。

需测量的参数主要有：多级增压泵进口的流量、多级增压泵进出口的压力、透平增压泵泵侧进出口的压力、泵侧流回水箱液体的流量、透平侧进出口的压力和流量。

常温清水的物理特性见表 3-3。

表 3-3　常温清水的物理特性

物理特性	单位	指标（最大）	物理特性	单位	指标（最大）
温度	℃	40	不吸水的游离固体含量	kg/m^3	2.5
运动黏度	m^2/s	1.75×10^{-5}	溶解于水的固体含量	kg/m^3	50
密度	kg/m^3	1050			

该试验是以常温下的清水为介质进行的，根据测量的结果进行扬程与效率的计算。

泵侧扬程或透平侧水头计算公式如下。

$$H = \frac{\Delta p}{\rho g} + \frac{v_1^2 - v_2^2}{2g} + (Z_1 - Z_2) \tag{3-3}$$

式中　Δp——透平侧、泵侧进出口压差，由压力表测量所得，Pa；

$Z_1 - Z_2$——透平侧、泵侧输送进出口位差，m；

v_1、v_2——分别为透平侧、泵侧的进出口速度，m/s。

$$v = \frac{Q}{A} \tag{3-4}$$

式中　Q——介质的体积流量，m^3/s；

A——过流面积，$A = \pi D^2/4$，m^2；

D——透平或泵的进口、出口直径，m。

透平增压泵效率计算公式如下。

$$\eta = \frac{Q_P H_P}{Q_t H_t} \tag{3-5}$$

式中　Q_P——泵侧流量，m^3/s；

Q_t——透平侧流量，m^3/s；

H_P——泵侧扬程，m；

H_t——透平侧扬程，m。

3.3.2 试验精度

透平增压泵在测试或运转的过程中，若测量数值出现大幅度波动，可根据表 3-4（允许波动幅度）和表 3-5（总测量不确定度的允许值）的定制范围进行测量或调整。

表 3-4　总测量不确定度的允许值

总测量	符号	1级/%	2级、3级/%
流量	e_Q	±2.0	±3.5
转速	e_n	±0.5	±2.0
转矩	e_T	±1.4	±3.0
扬程	e_H	±1.5	±3.5
驱动机输入功率	e_{Pgr}	±1.5	±3.5
泵输入功率（由转矩和转速计算得出）	e_P	±1.5	±3.5
泵输入功率（由驱动机输入功率和电机效率差计算得出）	e_P	±2.0	±4.0

表 3-5　允许波动幅度 [以测量量平均值的比例（%）表示]

测量量	允许波动幅度		
	1级/%	2级/%	3级/%
流量	±2	±3	±6
压差	±3	±4	±4
出口压力	±2	±3	±6
入口压力	±2	±3	±6
输入功率	±2	±3	±6
转速	±0.5	±1	±2
转矩	±2	±3	±6
温度/℃	0.3	0.3	0.3

透平增压泵在制造的过程中，必定会产生偏差，难免发生几何形状和尺寸参数不符合图样的情况。故在进行试验结果和工作点进行对比时，应允许有一定的容差的存在（表 3-6）。

表 3-6　容差系数值

量	符号	1级/%	2级/%
流量	t_Q	±4.5	±8.0
扬程	t_H	±3.0	±5.0
泵效率	t_η	−3.0	−5.0

3.3.3　试验数据分析

将测量数据通过以上小节公式计算得到效率、泵侧扬程、透平侧水头（扬程）。通过数值模拟数据与测试结果的对比，以验证模拟方法的准确性。图 3-4 所示为透平增压泵水力性能测试结果与模拟计算对比。

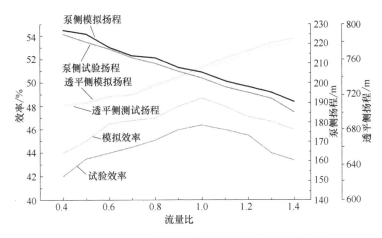

图 3-4　透平增压泵水力性能测试结果与模拟计算对比

从图 3-4 可看出，随着流量的增加，泵侧的扬程会随着流量的增加而减少，而透平侧的扬程会随着流量的增加而增加，与此同时，透平增压泵的效率会先增后减，根据透平增压泵的效率曲线可以得出，透平增压泵透平最好运行在大流量区域，流量过小或过大都会降低效率。

透平增压泵两侧全流场数值模拟计算与整机测试试验结果相差不多，数值模拟结果要比试验结果高，这是因为在数值模拟过程中没有考虑到介质泄漏，模拟计算的水力模型是理想状态，机械摩擦也不可能完全与实际情况相同，所以模拟结果总是比试验结果要高，但是两者的误差在允许范围内，由此也验证了数值模拟计算结果的可靠性。

3.4　本章小结

本章介绍了透平增压泵的性能参数、水力性能测试装置和测试方法。首先详细介绍了透平增压泵的水力性能参数，然后介绍了透平增压泵水力性能测试系统的组成和测试步骤，最后通过对比透平增压泵性能测试结果与数值模拟计算，分析了误差产生原因。

参考文献

［1］　关醒凡 . 现代泵理论与设计［M］. 北京：中国宇航出版社，2011.

［2］　关醒凡 . 现代泵技术手册［M］. 北京：中国宇航出版社，1995.

［3］　李晓霞 . 适应于脱盐水处理的透平增压泵水力结构和特性仿真研究［D］. 石家庄：河北科技大学，2019.

［4］　张杰. 离心泵作透平的水力特性研究和分析［D］. 广州：华南理工大学，2016.

［5］　郑梦海. 泵测试实用技术［M］. 北京：机械工业出版社，2011.

［6］　史凤霞. 离心泵作液力透平的水力学特性及其压力脉动研究［D］. 兰州：兰州理工大学，2017.

［7］　孔繁余，陈凯，杨孙圣，等. 泵作透平性能试验台设计开发［J］. 排灌机械工程学报，2015，33（05）：387-390，428.

［8］　GB/T 3216—2016. 回转动力泵、水力性能验收试验 1 级、2 级和 3 级［S］. 北京：中华人民共和国国家质量监督检验检疫总局；中国国家标准化管理委员会，2016.

［9］　Yexiang Xiao，Zhengwei Wang，Jin Zhang，et al. Numerical and experimental analysis of the hydraulic performance of a prototype Pelton turbine［J］. Proceedings of the Institution of Mechanical Engineers，Part A：Journal of Power and Energy，2014，228（1）：46-65.

［10］　杨孙圣，孔繁余，邵飞，等. 液力透平的数值计算与试验［J］. 江苏大学学报（自然科学版），2012，33（02）：165-169.

第4章

透平增压泵在反渗透海水淡化工艺中的应用

4.1 反渗透海水淡化工艺

在水资源缺乏的今天，人们采用节水、开拓水资源以及各种技术来提高淡水供应量，海水淡化作为一种解决淡水资源缺乏的有效途径，在一些近海且淡水缺乏国家和地区如中东地区、新加坡和日本等广泛应用（图4-1）。我国的人均水资源很少，仅为世界人均水平的1/4，推动海水淡化技术的发展对于我国有重要意义。反渗透海水淡化是海水淡化的主要技术之一，在反渗透海水淡化的过程中需要把原海水加压到6.0MPa以上，因此需要消耗大量电能克服水的渗透压，完成反渗透的过程。反渗透膜排出的浓海水余压高达5.5～6.5MPa，其中60%余压能可以再次回收利用，直接排放则会产生大量的能量浪费。将这一部分能量回收变为进水能量可大幅降低海水淡化的能耗，进而降低海水淡化的成本。

据自然资源部发布的《2020年全国海水利用报告》显示，截至2020年底，我国现有海水淡化工程135个，工程规模1651083t/d，新建成海水淡化工程规模64850t/d；年海

图4-1 国内某海水淡化厂鸟瞰图

水冷却用水量 1698.14 亿吨。海水淡化的成本从 20 世纪 80 年代的 8kW·h/m³ 降到现在 3kW·h/m³ 左右。采用能量回收装置对余压能进行回收对《海水淡化利用发展行动计划（2021～2025 年）》的完成具有重要意义。图 3-1 为国内某海水淡化厂鸟瞰图。

4.1.1　传统海水淡化工艺

传统海水淡化技术主要分为热法和膜法两类，发展至今比较成熟的大规模生产工艺技术主要有 3 种：热法中的多级闪蒸（Multistage Flashing System，MSF）、低温多效蒸馏（Multiple Effect Distillation，MED）和膜法中的反渗透海水淡化（Seawater Reverse Osmosis，SWRO）。

(1) 多级闪蒸

多级闪蒸（MSF）是 20 世纪 50 年代发展比较迅速的一种海水淡化方式，其工艺流程如图 4-2 所示。先把海水加热，加热后的海水分布到闪蒸室，该闪蒸室的压力比进入的盐水的饱和蒸汽压力低，当盐水进入闪蒸后闪蒸过程即开始，经过这个过程产生的蒸汽冷却后就是要转化的淡化水。

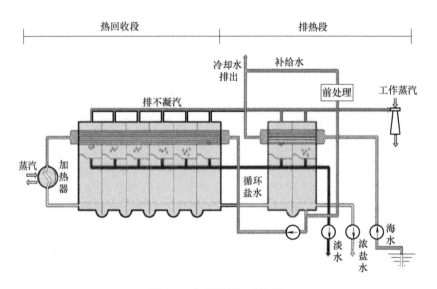

图 4-2　多级闪蒸工艺流程

多级闪蒸是热法中应用最广泛的工艺，具有单机容量大、维护量小和产水品质较好的特点。同时也具有很多缺点：操作温度高，设备容易被腐蚀和结垢；操作弹性小，一般为设计值的 80%～110%；设备成本高，初期建设工程量大；能耗高，需要与热电厂联合运行。

(2) 低温多效蒸馏

低温多效蒸馏（MED）就是通过加热和抽气在串联的容器中实现有序压降，从而使不同温度的海水在每一个串联的容器中不断蒸发，前一效蒸发产生的蒸汽进入下一效，加热海水，一部分产生蒸汽继续进入后续容器进行蒸发，一部分冷凝成为淡水（图 4-3）。

低温多效蒸馏技术操作温度低，可有效减少设备的腐蚀和结垢问题，采用廉价的传热材料，利用乏蒸汽、工业废热等低温位热源，系统具有热效率高、动力消耗小、操作弹性大等优点。但是因为低温余热不稳定、效率低等原因使得该装置的实际运行成本远高于设计成本，同时设备体积较大，装置费用也较高。

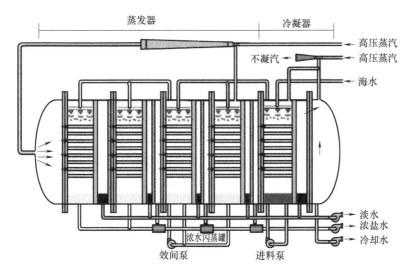

图 4-3　多效蒸馏工艺流程

（3）反渗透海水淡化

反渗透海水淡化（SWRO）属于膜分离技术，随着膜组件的改进和能量回收装置效率的提高，反渗透应用于海水淡化于近 50 年飞速发展。反渗透的过程是一种以大于渗透压的压力为作用力，利用半透膜不能透过溶质、只能透过溶剂的选择透过性，从而从溶液中提取溶剂的一种膜分离过程。能选择性过滤的膜称为半透膜，它能让溶液里的部分种类分子有选择性地通过。如图 4-4 所示，当用一个半透膜隔开两种不同浓度的溶液时，低浓度溶液里的溶剂会通过半透膜向高浓度溶液侧自发流动，这个现象叫做渗透。此时如果在高浓度溶液侧加上一个外在的压力迫使高浓度溶液侧的溶剂也同时向低浓度溶液侧流动，当双方互动的流量均衡时就达到渗透平衡状态，此时高浓度溶液侧所加的压力叫做渗透压。如果此压力继续加大，将会导致溶剂从高浓度溶液侧反向流向低浓度溶液一端，此现象叫做反渗透。

把原料海水预处理后（混凝沉淀、超滤等）使其进入高压泵，经过高压泵升压后进入

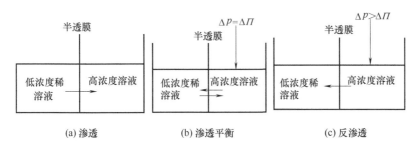

图 4-4　反渗透原理

Δp—压力差；$\Delta\Pi$—渗透压

反透膜堆，利用反渗透产生淡水，剩余压力经过能量回收装置回收。经过反渗透处理的产品水经过矿化等系列处理后即可作为淡水供应市场。

除上述技术外，冷冻法也是一种可利用的海水淡化技术。

冷冻法的原理是海水在结冰的时候盐分会被挤压排出，所以只需要将冰块洗涤干净后重新融化就可以得到含盐量特别低的淡水。人工冷冻法通常有间接冷冻法和直接冷冻法两种。低温介质采用间接热交换的方式将海水冷冻成冰的方法叫做间接冷冻法；而将低温介质与海水直接混合接触促使海水凝固的方法就叫做直接冷冻法。

海水遇冷凝固时，溶解态盐分逐渐被浓缩排出冰晶体外，但是如果凝固速度过快，会有部分盐水因排出不及时而被直接封闭在冰晶体内的卤水胞中。所以海冰与一般的淡水冰不同，其结构较为复杂，由淡水冰晶、液态卤水胞、固体杂质和空气组成，透明度比一般的淡水冰要低，并且具有一定的空隙。海冰的盐度主要来自卤水胞，因此海冰的总体盐度比海水本体要低很多。在外界温度变化和时间逐渐推移的情况下，因重力作用，彼此隔离的卤水胞会慢慢融会贯通，形成"卤水排泄通道"。根据卤水胞下渗理论，又发展出了离心脱盐、控温脱盐、挤压脱盐、浸泡法脱盐和雾化冷冻法脱盐等多项技术。

4.1.2　新兴海水淡化工艺

近年来，随着人们对海水淡化的日益重视，海水淡化产业取得了飞速发展，呈现出一些新的特点。主要表现在两个方面：其一是对传统工艺和设备进行改进或者发展集成海水淡化技术；其二是开发利用新能源并且发展新型的海水淡化技术。

(1) 集成海水淡化技术

集成海水淡化技术通过整合两种甚至多种海水淡化方法的优点，达到提高淡水产量、降低能耗、简化工艺的目的，是国内外广泛关注的焦点。膜蒸馏（Membrane Distillation，MD）是一种以热蒸馏驱动膜分离的新型海水淡化集成方法。该方法结合了热法和膜法的双重优点，分离效率高且操作条件温和，可以采用太阳能、风能等可再生能源以及工厂的低品位热源，同时又保留膜法截留率高的优点。目前，该技术尚处于不成熟的阶段，增大膜通量、提高热效率是提高该技术的关键。

(2) 改进 MVR 技术

机械蒸汽再压缩（Mechanical Vapor Recompression，MVR）技术是用压缩机压缩低品位蒸汽，使其温度和压力升高，从而实现潜热的持续循环使用的一项节能技术。该技术在欧美起步较早，我国近几年也陆续引进，具有节能环保、操作简单、工程量小等优点，应用于海水淡化重点集中在选用高性能、低压缩比的压缩机，经济且耐腐蚀的换热管和适当的蒸发温度。青岛科技大学经过多年研究，建立了 MVR 蒸发过程的准确计算模型，解决了物性数据缺失问题和模拟 MVR 蒸发的局限性问题，并自主设计了一整套 MVR 海水淡化工艺装置。该工艺在以下方面做出了改进：①采用适于 MVR 过程的蒸汽压缩机，提高了操作稳定性；②采用高效换热设备，强化了换热条件；③合理设计了换热设备的操作条件（温度、压力等）；④合理选择设备及管路材质，降低腐蚀；⑤合理设置了 MVR 蒸发不凝气排放问题，增强了传热效果。通过以上改进，能够大幅度降低 MVR 技术应用于海水淡化的设备投资和操作费用，以20℃进料计算，蒸馏水成本可以达到 4.6 元/t，目前中试装置试验已经取得成功。由于该技术具有工艺流程简单、工程量小、自动化程度高等优点，在为海岛、舰船、石油平台提供淡水资源方面具有相当重要的意义，在未来具有巨大的发展潜力。

(3) 新能源海水淡化技术

近年来，为避免传统能源的枯竭，将风能、太阳能、海洋能等可再生能源应用于海水淡化已成为全球发展趋势，世界各国都在加快其工业化步伐。

① 太阳能海水淡化。太阳能驱动的海水淡化技术就其能量利用方式不同，可以分为直接法和间接法。直接法是指直接利用太阳能生产淡水，包括太阳能蒸馏海水淡化技术和增湿去湿海水淡化技术。间接法是指将太阳能转化为电能或热能，为多级闪蒸、多效蒸发和反渗透等海水淡化过程提供能量。

太阳能蒸馏是简单和古老的太阳能脱盐技术之一。在太阳能蒸馏器中，盐水被太阳能直接蒸发，然后冷凝为淡水。早在1874年，在智利北部就建成了世界上第一座日产 $23m^3$ 淡水的太阳能蒸馏装置。我国于1982年左右在嵊泗岛上安装了第一个大规模的太阳能蒸馏装置。太阳能蒸馏器具有较低的维护成本，但其效率低、热损耗大，现有的太阳能蒸馏器设计不适用于大型系统。增湿去湿海水淡化技术是在太阳能蒸馏技术基础上发展而来的，将蒸发和冷凝过程分开，可有效地回收利用蒸汽的冷凝潜热。该技术现处于研究开发阶段，实际工程应用很少。

太阳能的间接利用主要通过以下两种途径：将太阳辐射转化成热能，为多级闪蒸、多效蒸馏和热压缩蒸馏（TVC）等过程供能；利用光伏电板将太阳能转化成电能以驱动反渗透、电渗析和机械压缩蒸馏（MVC）等淡化装置。其中，光伏反渗透技术发展相对成熟。光伏反渗透海水淡化技术是根据光电效应原理，将入射的太阳能转化成直流电能，再通过逆变器将直流电能转化成交流电能，用于驱动取水泵和高压泵进行淡化海水。

② 风能海水淡化。风能在海水淡化中的应用主要有以下两种方式：一是耦合式，利用风能转换成的机械能直接驱动海水淡化系统的耗能设备；二是分离式，利用风力发电机将风能转换成电能，为海水淡化系统供能。风能发电一般用于驱动机械压缩蒸馏、电渗析和反渗透等海水淡化过程。

风能的直接利用虽然可以避免中间能量转换造成的损失，但风能的波动会直接影响淡化装置运行的稳定性。2001年，加那利群岛研究所在"AERODESA Ⅰ"和"AERODE-SA Ⅱ"项目中，开展了风能系统与反渗透装置直接耦合的试验研究。S.G.J.Heijman等设计了一种利用风车的轴功率直接驱动反渗透高压泵的系统，高压泵的转速和系统的产水量随风速的变化而变化，蓄水池作为缓冲装置以满足 $5\sim10m^3/d$ 的淡水供应。目前，关于直接耦合式风能海水淡化技术的研究较少，该技术仍处于试验研究阶段。

风能驱动的机械压缩蒸馏技术主要是利用风电驱动机械压缩机压缩蒸发过程中产生的二次蒸汽，提高其温度后使之再作为加热蒸汽使用。1995年在波罗的海 Rügen 岛上建成了 $360m^3/d$ 的风能机械压缩海水淡化工程，其中风力发电系统的额定输出功率为 $300kW$。此外，2004年，西班牙 Gran Canaria 岛上安装了一个 $50m^3/d$ 的风能机械压缩蒸馏装置。由于机械压缩蒸馏过程的能耗较高，关于该技术的应用研究相对较少。

反渗透技术具有能耗低、模块化程度高、操作弹性大等优点，相对于机械压缩蒸馏和电渗析，更适宜与风能耦合。如今，风能驱动的反渗透技术发展相对成熟，在多个国家已工业化应用。

③ 地热能海水淡化。地热能是储存在地壳中的热能，是一种可持续的和环境友好的重要能源。与太阳能、风能、海洋能等其他可再生能源相比，地热能具有许多优点。地热能不受天气条件的影响，是一种更稳定的能量来源。此外，地热能系统通常需要较低的运行费用。上述优点使得地热能非常适合用于驱动能源密集型的海水淡化过程。但是，地热能源的使用会受到地热活动地点的限制。地热资源根据它们的温度（即它们的焓值）可分类如下：温度在 200℃ 以上的高焓源，温度为 150～200℃ 的中焓源和温度在 150℃ 以下的低焓源。地热能可以直接用于供热，也可以间接用于发电。获取地热能的方式在很大程度上取决于地热能的质量：低焓地热资源可直接用于加热；高焓地热资源可以通过蒸汽动力循环发电；中、低焓地热资源可以通过有机朗肯循环发电。

目前，全球范围内已有多个成功实施地热能海水淡化的案例。1996 年，在突尼斯南部安装了一个容量为 $3m^3/h$ 的地热能海水淡化装置。在 2004 年，Karytsas 等为希腊米洛斯岛设计了一个地热能驱动的海水淡化系统，该混合系统包括产能为 $80m^3/h$ 的多效蒸馏装置和一个 470kW 的有机朗肯循环发电机组，两者均由低焓地热资源驱动，该项目的产水成本约为 2 美元/m^3。2008 年，在墨西哥的一个项目，分析了各个地点地热能利用的潜力，设计并建造了一种多效蒸馏和多级闪蒸耦合的新型海水淡化装置。现有的地热能海水淡化装置以小型和中型为主，还没有工业规模的地热能海水淡化厂。

④ 海洋能海水淡化。海洋能是指蕴藏在海水中的各种能量，主要包括波浪能、潮汐能、海流能、盐差能和温差能等。与太阳能和风能相比，海洋能具有较低的间歇性和较高的能量密度，是一种更有前途的可再生能源。目前，关于海洋能海水淡化的研究主要集中在波浪能海水淡化技术和潮汐能海水淡化技术。

波浪能是指海洋表面所具有的动能和势能。波浪能海水淡化系统一般包括能量收集装置、能量转换装置和海水淡化装置。能量收集装置用于捕获波浪能，能量转换装置主要是把波浪能的动能转换成电能或其他形式的机械能。国内外学者先后设计出振荡浮子式、鸭式、振荡水柱式等波浪能收集装置。目前对波浪能海水淡化的研究主要集中在对波浪能收集装置的改进以及提高波浪能和海水淡化装置耦合性能等方面。

潮汐能是由涨潮和退潮引起的海水涨落所产生的动能。潮汐能发电技术比较成熟，在多个国家已建成大型潮汐发电站。但潮汐能在海水淡化中的应用却很少。大多数海洋能海水淡化技术仍处于理论研究或小型试验研究阶段，距离其产业化应用还有漫长的道路。

⑤ 其他新兴海水淡化技术。碳纳米管技术、正渗透技术、仿生学以及将两种甚至多种技术结合的离子交换法-纳滤膜法和双膜法等都是当今世界海水淡化技术的研究热点。此外，核能海水淡化提出较早，但是核反应堆与海水淡化的接口问题还停留在理论研究和设计阶段，需要打通流程，形成成套技术和装备体系，因目前缺乏工程经验，尚处于概念研究阶段。

4.2 反渗透海水淡化能量回收装置

作为 SWRO 系统的核心元件之一，能量回收装置的作用是回收未透过反渗透膜组件的高压盐水用于做功，进而大幅度降低系统的产水能耗和投资成本。据统计，安装有能量回收装置的 SWRO 系统能耗可从 $13kW \cdot h/m^3$ 降低至 $2 \sim 3.5kW \cdot h/m^3$，减少了约 60% 的能耗，能量回收效率可达到 90% 以上。故能量回收装置对于 SWRO 工程具有显著的影响和使用价值。

4.2.1　分类和工作原理

SWRO 能量回收装置按照其工作原理主要可分为液力透平式、正位移式两种类型。20 世纪 80 年代初，第一代液力透平回收装置——分体式液力透平，首次应用在 SWRO 系统中，该装置机械加工复杂，能量回收效率较低。第一代液力透平回收装置将电机置于高压泵和透平中间，三者同轴连接，利用反渗透膜组件的高压截留液推动透平的叶轮旋转，通过对轴做功来辅助高压泵对海水增压，从而达到节能的目的，如图 4-5 所示。

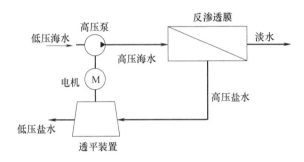

图 4-5　第一代液力透平回收装置运行原理

20 世纪 80 年代中后期，为了提高液力透平的能量回收率，对第一代液力透平回收装置进行改造，采用一体化设计，将离心泵和透平同轴连接，和高压泵互相独立运行，高压盐水推动透平带动离心泵给海水增压，通过降低高压泵的提升压力来降低产水能耗，如图 4-6 所示。

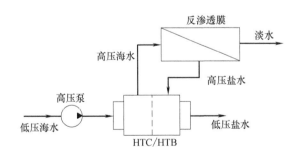

图 4-6　一体式液力透平能量回收装置运行原理

20 世纪 90 代初，基于"功交换"原理的正位移式能量回收装置被广泛应用，利用流体的不可压缩性可直接实现高压盐水和低压海水间的能量传递。系统工作时，低压海水在能量回收装置中先由高压盐水直接增压，再经过增压泵的二次增压后进入反渗透膜组件产出淡水。上述过程通过降低高压泵的流量来减少系统能耗，其原理如图 4-7 所示。由于其能量回收过程只需要经过"水压能-水压能"的一步转换，能量回收效率通常能达到 90%

以上，目前虽已占据 SWRO 市场的主导地位，但仍存在系统集成度较低、投资成本高、需配备增压装置和盐/海水掺混等技术缺陷。正位移式能量回收装置根据其核心部件结构形式的不同又可分为阀控式和旋转式。

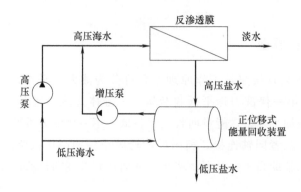

图 4-7　正位移式能量回收装置原理

4.2.2　正位移式能量回收装置

(1) 阀控式能量回收装置

① DWEER 能量回收装置。美国 Desal 公司研发的 DWEER 能量回收装置（图 4-8）于 1990 年实现商业化，是最早应用于 SWRO 工程的正位移式能量回收装置。该装置的主要部件包括单向阀和控制阀、2 个水压缸，其运行原理如图 4-9 所示。高压盐水经控制阀

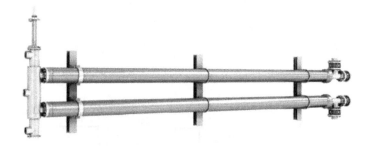

图 4-8　DWEER 能量回收装置

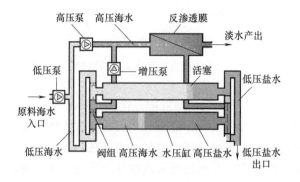

图 4-9　DWEER 能量回收装置运行原理

进入其中 1 个水压缸，将压力能传递给低压海水，完成增压过程；低压海水经单向阀进入另 1 个水压缸，推动低压盐水排出，完成泄放过程。水压缸内设置有活塞，将盐水和海水隔开，有效避免了流体掺混。1998 年，Linx 阀的诞生使 DWEER 能量回收装置的性能迎来了质的飞跃。Linx 阀是一种多通道的控制阀，替代了原有的 4 个二通阀，不仅简化了系统，还使得其可在较快的速度下切换两个缸筒的工作过程，这样就可以使 DWEER 能量回收装置的两个缸筒交替进行增压和泄压过程，这极大地改善了 DWEER 能量回收装置的性能和可靠性。

② Aqualyng 系统能量回收装置。Aqualyng 系统能量回收装置（图 4-10）是成套的 SWRO 系统装置的附属设备，并不单独作为产品销售。Aqualyng 属于阀控式能量回收装置，工作原理与 DWEER 类似，不同的是该装置由两个特有的竖直放置的压力交换塔和一系列类似于 Linx 阀的阀门组成，可以达到 96% 的高回收效率。

图 4-10　Aqualyng 系统能量回收装置实物

③ PES 能量回收装置。PES（Pressure Exchanger System）是德国 SIEMAG 公司的研发产品。该能量回收装置将 3 个水压缸并联安装，保证了进料、产水过程的连续性和稳定性，能量回收效率高达 98%。2000 年，PES 在西班牙兰萨罗特岛某产水规模 $5000\text{m}^3/\text{d}$ 的 SWRO 工厂正式投入使用，相比于透平式能量回收装置减少了 $1.21\text{kW} \cdot \text{h/m}^3$ 的单位能耗，节省了 25%～30% 的系统能耗需求。

④ Sal Tec DT 能量回收装置。由德国 KSB 公司进行设计与研发。该装置主要包括 Sal Tec DT、Sal Tec N 两种类型。2004 年在埃及某城市的反渗透海水淡化厂安装了 Sal Tec DT 系统，产水量为 $1920\text{m}^3/\text{d}$。

该能量回收装置由旋转阀、止回阀和两个水压缸构成。其工作原理和 DWEER 阀控式能量回收装置类似，主要区别是该装置使用旋转阀代替了 Linx 阀，旋转阀工作时使高压盐水与水压缸相连通，在增压过程中，高压盐水提供压力，增压的原海水推动另一个水压缸内的旋转阀，使泄压盐水排出。在水压缸的端部安装感应器以便实时检测活塞速度和位置，控制系统根据感应器传来的信号驱动伺服电机，使旋转阀转动，从而实现水压缸增压过程和泄压过程的交替进行。Sal Tec 能量回收装置如图 4-11 所示。

图 4-11   Sal Tec 能量回收装置

⑤ 双液压缸耦合的阀控式能量回收装置。2020 年，浙江工业大学的孙毅等设计了一种双液压缸耦合的阀控式能量回收装置，利用电动推杆推动活塞杆对高压海水进行二次增压以达到反渗透膜组件的工作压力。如图 4-12 所示，系统运行时通过控制电磁换向阀对 2 个液压缸的运动状态进行耦合控制，既保证了双缸间的循环协同工作，又降低了压力和流量的波动。

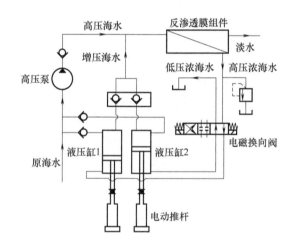

图 4-12   双液压缸耦合的阀控式能量回收装置系统工作原理

(2) 旋转式能量回收装置

① PX 能量回收装置。美国 ERI 公司设计生产的 PX（Pressure Exchanger）是旋转式能量回收装置的典型代表，于 1997 年进行商业化应用。PX 能量回收装置由陶瓷转子、套筒和端盖构成（图 4-13），转子上开设有 12 个轴向流道，在高压流体的驱动下自由平衡旋转，从而完成流体间的能量交换，其运行原理如图 4-14 所示。转子是 PX 能量回收装置中唯一的运动部件，转子在高压流体的驱动下旋转到高压区时，孔道中已充满低压进料海水，高压浓盐水进入孔道中将压力能直接传递给进料海水，使进料海水增压为高压海水并从高压区排出，同时高压浓盐水降压为低压浓盐水，此为增压过程；转子旋转到低压区时，流道充满低压浓盐水，此时进料海水进入孔道将低压浓盐水排出 PX 能量回收装置，此为泄压过程；然后转子从低压区再次进入高压区，完成一个循环过程。在转子的连续转动下，增压和泄压过程交替进行。由于采用多通道设计，可以保证同时有多个通道进行增

图 4-13　PX 能量回收装置

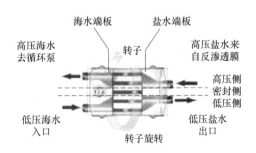

图 4-14　PX 能量回收装置运行原理

压及泄压操作，浓盐水和海水进料及排出流动的平稳性较好。

第 1 代 PX 能量回收装置由 Leif J. Hauge 于 1989 年设计研发，该装置采用不锈钢合金加工而成，利用电机带动转子旋转，但因经常出现转子卡滞现象，所以并未商业化。

第 2 代 PX 能量回收装置于 20 世纪 90 年代中期面世，Leif J. Hauge 将装置的核心部件——转子和套筒采用氧化铝陶瓷加工。

第 3 代 PX 能量回收装置整体核心部件都使用氧化铝陶瓷进行加工，大大提高了硬度，改为流体驱动方式。第 2、第 3 代装置克服了水击和气穴等困难，因具有抗腐蚀性好、稳定性强、寿命长、维护费用低等优点沿用至今。

第 4 代 PX 能量回收装置转子直径达到了 6.5in（1in＝2.54cm），处理量有了很大的提高，可以达到 50m³/h。其稳定性能更好，装置在内部泄漏、掺混率及回收效率方面也都有了很大改进。第 4 代的代表产品为 PX-220 设备与 PX-260 设备，被广泛应用于许多 SWRO 系统中。

第 5 代 PX 能量回收装置已发展较为完善，单体处理量有了很大提高，能量回收效果也十分显著。目前该类装置的最新产品是 PXQ 系列，代表产品是 PX-Q260 和 PX-Q300。作为 PX 最新系列的代表，PX-Q300 采用了最新改进的陶瓷部件并使用了 Quadri Baric 的专利技术，可以保证最低 97.2% 的能量回收效率，最大水处理达到 68m³/h，且工作噪声低于 81dB。与第 4 代产品相比，该装置运行噪声较小，结构更加紧凑，适用于任何规模的淡化厂。

② iSave 型能量回收装置。2011 年，丹麦 Danfoss 公司的 iSave 型能量回收装置问世，解决了 PX 能量回收装置无法自增压的问题。如图 4-15 所示，该装置将电机、高压容积

式增压泵、旋转式等压交换器集成于一体，是同类产品中体积最小的。iSave 的核心部件由耐腐蚀不锈钢制成，安装有可靠的低压轴封，这些设计保障了可靠性和耐用性。此外，iSave 可以自动控制高压流量以确保向反渗透膜组提供稳定的进料，并且其输出流量不受海水盐度和温度的影响。iSave 共有 4 种型号，可降低系统约 60％ 的净能耗和近 70％ 的能源相关成本。其中，iSave77 的流量范围为 $59\sim77\text{m}^3/\text{h}$，压力范围为 $1\sim8.2\text{MPa}$，能量回收效率可达 95％。

图 4-15　iSave 型能量回收装置结构及运行原理

③ PPX 能量回收装置。2018 年，北京工业大学的尹方龙等提出了一种集成旋转式压力交换器和柱塞式增压泵的低脉动自增压式能量回收装置（Pistion Booster Pump-Pressure Exchanger，PPX），开展了 PPX 的能量高效传递机理、配流特性等关键技术研究，完成了样机研制并搭建了小型 SWRO 系统进行性能试验，如图 4-16 和图 4-17 所示。在 4.2MPa 的工作压力下，PPX 能量回收装置的系统产水率达到 24.91％，最低单位产水能耗为 $4.79\text{kW}\cdot\text{h}/\text{m}^3$，最高能量回收效率约为 93.9％。

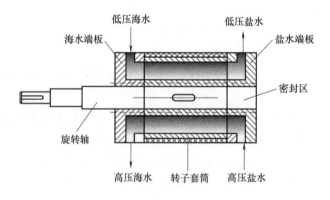

图 4-16　电驱动转子式能量回收装置

④ 能量回收增压一体机。2018 年，浙江大学的焦磊等基于海水液压斜盘式轴向柱塞泵的内部流道特征设计出一种能量回收增压一体机，如图 4-18 所示。对其关键结构设计

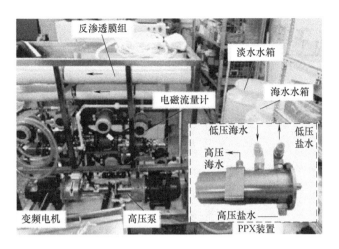

图 4-17 PPX 能量回收装置试验系统

和力学特性做了研究分析,提出整机多通道双腔单一转子同轴结构,增加转子空间的利用率。由于该装置中同时存在多对摩擦副,因而对装置的润滑密封条件提出较高要求。

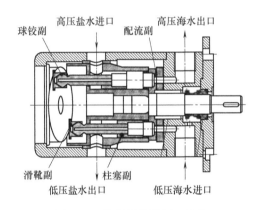

图 4-18 能量回收增压一体机

4.2.3 液力透平式能量回收装置

(1) 分体式液力透平

① 泵反转能量回收装置。泵反转(Pump as Turbine,PAT)或称反转泵是最早应用在海水淡化系统的能量回收装置,如图 4-19 所示。叶片离心泵反转运行,结构简单,成本较低,但由于水力流动性能不佳,其总体机械效率较低,从而造成能量回收效率偏低(约为 30%)。反转运行使得其对高压盐水流量的变化十分敏感,在高压盐水流量高于最佳工况 10% 时,能量回收效率将下降 50%,流量低于最佳工况 40% 时,能量回收装置无能量回收功能,此时为耗能装置。目前新建的海水淡化厂已很少使用该装置。

② 弗朗西斯透平和佩尔顿透平能量回收装置。20 世纪 80 年代初期,为降低 SWRO 工程的能耗和运行成本,第一代能量回收装置开始应用于 SWRO 系统,代表性产品有弗朗西斯透平和佩尔顿透平。

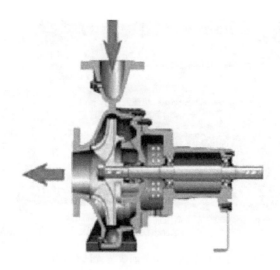

图 4-19　反转泵能量回收装置

　　弗朗西斯透平是 Pump Ginard 公司生产、较早应用在 SWRO 系统的能量回收装置，如图 4-20 所示。弗朗西斯透平属于离心式透平，具有结构简单、操作方便和造价低廉等优点，由于反转泵受浓水压力和流量的影响较大，致使工作效率波动大，当流量超出或低于设计工况时，该能量回收透平装置不再具备能量回收功能，反而开始消耗能量，变成耗能装置，因此如今弗朗西斯透平几乎不再应用。

图 4-20　弗朗西斯透平

　　佩尔顿透平（Pelton Wheel Device）由瑞士 CalderAG 公司设计研发，是一种设计比较成熟的能量回收装置。相比于弗朗西斯泵，佩尔顿透平受浓水压力及流量影响都较小。在工作时，具有良好流体力学性能的叶轮旋转带动泵进行增压。佩尔顿透平工作稳定性强、安全可靠，整机能量回收率高，能达到 40%～80%。但由于叶轮的结构复杂，机械加工难度较大。

（2）一体式液力透平

　　① 透平增压泵能量回收装置。到 20 世纪 80 年代后期，为提高液力透平式能量回收装置的工作效率，美国 PEI 公司制造了将透平和单级离心泵集成在同一壳体中的透平增

压泵（Hydraulic Turbocharger，HTC），如图 4-21 所示。该装置利用高压盐水推动透平旋转，同时带动离心泵对高压泵出口的中压海水增压。不同于第一代能量回收装置的是，HTC 尽可能地减少了传动轴的机械能损失，并且离心泵无需外加驱动力。在研发初期于太平洋上进行了超过 2000h 的循环测试，产水率为 23%，高压泵的电力供应降低了 22%。

　　② HPB 能量回收装置。美国 Fedco 公司研发的 HPB（Hydraulic Pressure Booster）能量回收装置和 HTC，除了叶轮的机械结构不同外，其余结构及工作原理基本相同。HPB 更趋向于整体化，集压力调节阀和流量调节阀为一体，简化了其外部复杂的管路，降低了成本，操作方便。如图 4-22 所示为 HPB 实物。HTC 和 HPB 能量回收装置属于第二代能量回收透平装置，由高压浓盐水直接带动透平工作，不用连接驱动元件，具有能够独立工作、拆装简单、方便维修等优点。最新的 HPB 能量回收效率约为 83%。如图 4-23 所示为 HPB 的结构和工作原理。

图 4-21　透平增压泵（HTC）能量回收装置

图 4-22　HPB 能量回收装置实物

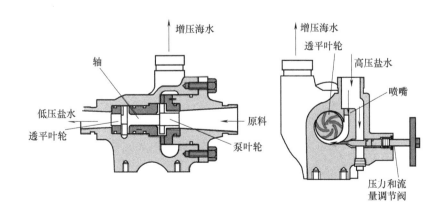

图 4-23　HPB 能量回收装置的结构和工作原理

4.3 透平增压泵在反渗透海水淡化中的应用

4.3.1 透平增压泵用于反渗透海水淡化工艺

不进行能量回收的 SWRO 工艺流程如图 4-24 所示。海水经供水泵加压后通过预处理系统将海水中的杂质去除，过滤后的低压原水经高压泵加压进入反渗透膜组件。高压海水经反渗透膜的处理后分为两部分：过膜部分为淡水，进入淡水储水箱；未过膜部分为浓海水。未被利用的富含余压能量的浓海水经过泄压阀直接排放。海水淡化的卷式反渗透膜产水率约为 40%，大量浓海水的余压能量未能回收利用。

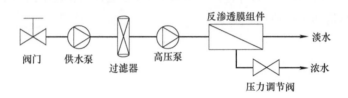

图 4-24　不进行能量回收的 SWRO 工艺流程

SWRO 工艺系统缺少能量回收装置，能耗过高，故可用透平增压泵替代原有系统的泄压阀，对高压浓海水的压力能进行回收再利用。透平增压泵应用于 SWRO 工艺流程如图 4-25 所示。透平增压泵与高压泵串联安装，可减轻高压泵的压力，达到节能目的。预处理后的原水经高压泵与透平增压泵泵侧加压达到膜组件进水压力要求，40% 的原水过膜脱盐后形成淡水。脱盐是除掉海水中的盐分，是整个海水淡化系统的核心部分，也是关键所在，这一过程不光要求高效脱盐，通常还需要解决设备的防腐与防垢问题。现有海水淡化系统中通过减压阀减压排放的高压浓海水进入透平增压泵的透平侧，将压力能转化为机械能，冲击叶轮旋转，对原水进行加压，实现对液体压力能的回收再利用。低压浓海水通过透平增压泵透平侧的出口排放。

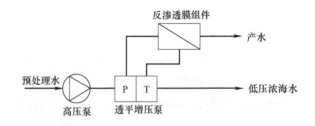

图 4-25　透平增压泵应用于 SWRO 工艺流程

4.3.2 透平增压泵在反渗透海水淡化工艺中的应用案例

透平增压泵能量回收技术是目前使用较为广泛、回收效果较为可观的一种能量回收技术，在许多火力发电厂海水淡化工艺流程中成功应用。

(1) 透平增压泵的设计参数

表 4-1 是某发电厂所采用透平增压泵的主要设计参数。

表 4-1 某发电厂所采用透平增压泵的主要设计参数

参数	数值	参数	数值
泵流量 Q_P/(m³/h)	150	透平入口压力 $p_{T,in}$/MPa	4.6
泵入口压力 $p_{P,in}$/MPa	2.95	透平出口压力 $p_{T,out}$/MPa	0.1
泵出口压力 $p_{P,out}$/MPa	4.8	综合回收效率 η/%	68.5
透平流量 Q_T/(m³/h)	90		

透平增压泵能量回收效率公式如下。

$$\eta = \frac{Q_P(p_{P,out} - p_{P,in})}{Q_T(p_{T,in} - p_{T,out})} \tag{4-1}$$

计算得：$\eta = 68.5\%$。

(2) 透平增压泵叶轮基本参数

目前国内应用较多是采用工况相同的离心泵模型，通过反转泵的换算关系计算得到透平的模型。依据表 4-1 给定的设计参数，按照一元理论设计方法计算两侧叶轮基本参数，如表 4-2 和表 4-3 所列。

表 4-2 透平侧叶轮基本参数

名称	数值	名称	数值
叶轮出口直径 D_1/mm	68	叶轮进口角度/(°)	90
叶轮进口直径 D_2/mm	370	叶轮出口角度/(°)	37.5
进口宽度 b_2/mm	10	叶轮叶片包度/(°)	50

表 4-3 泵侧叶轮基本参数

名称	数值	名称	数值
叶轮出口直径 D_1/mm	340	叶轮出口安放角 β_2/(°)	22.5
叶轮进口直径 D_2/mm	80	叶片数 Z/个	6
出口宽度 b_2/mm	22		

根据泵与液力透平工况对应的 Sharma 关系式可得

$$\frac{Q_T}{Q_P} = \frac{1}{\eta_P^{0.8}} \tag{4-2}$$

$$\frac{H_T}{H_P} = \frac{1}{\eta_P^{1.2}} \tag{4-3}$$

(3) 比转速 n_s 的确定

$$n_s = \frac{3.65 n_T \sqrt{Q_T}}{H_T^{0.75}} \tag{4-4}$$

式中　n_T——透平叶轮转速，r/min。

（4）经济可行性评估

依据透平增压泵具体使用情况对其应用是否合理进行评估。以 3 年回收其设备投资为参考。判定原则为

$$K = \frac{M_1 B_{HB} \times 26280}{M_2} \geqslant 1 \tag{4-5}$$

式中　K——经济系数；

B_{HP}——输出功率，kW；

M_1——电力成本，元/kW；

M_2——透平增压泵一次性投资＋3 年预计维修费用，元。

（5）温度对产水压力的影响

在 SWRO 工艺系统运行的过程中，随着季节变化，温度对反渗透膜的产水压力有较大影响（图 4-25）。反渗透膜所需的过膜压力在冬季到夏季的压力变化值在 3.8～4.8MPa 之间变化。由图 4-26 可以看到，高压泵可以提供恒定的 2.95MPa 压力，与高压泵串联共同增压的透平增压泵所提供压力需要随着温度变化而变化。透平增压泵需要提供的增压值在 0.85～1.85MPa 之间。在进行透平增压泵设计时，为了应对反渗透膜产水压力变化的情况，透平侧采取了流量可调的设计方案。预留的透平侧流量调节回路可调节透平增压泵工况，确保透平增压泵可以提供足够的产水压力。

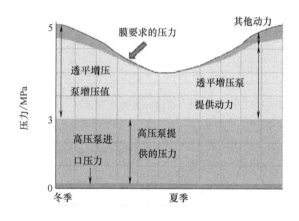

图 4-26　温度对膜压力影响曲线

（6）轴承润滑系统

透平增压泵内有自润滑推力轴承和中心轴承，直接使用透平增压泵泵侧高压液体来润滑，所需量不到总流量的 1%。液体自润滑轴承避免了使用轴封和辅助润滑系统，降低了检修维护成本。

轴承润滑系统（图 4-27）要求润滑液具有较高的清洁度，轴承安装部位间隙小，润滑液的不清洁易造成轴承堵塞或损坏，致使透平增压泵无法正常工作，所以需前置过滤器。

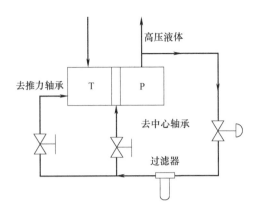

图 4-27　轴承润滑系统
T—透平侧；P—泵侧

过滤器选用应综合考虑过滤精度、允许压力降、纳污容量、通透能力等因素。其工作能力主要取决于滤芯的有效过滤面积、滤芯本身性能、液体黏度、过滤前后压差等。

$$A = \frac{Q\mu}{\alpha\Delta p} \times 10^4 \tag{4-6}$$

式中　Q——过滤器的额定流量，L/min；

　　　μ——液体的动力黏度，Pa·s；

　　　Δp——压力差，Pa；

　　　α——滤芯材料的单位过滤能力，L/cm^2。

(7) 应用效果分析

经过安装调试，采用透平增压泵能量回收装置的海水淡化系统已实现了稳定运行。综合能量回收效率达到 67% 左右，如图 4-28 和图 4-29 所示分别为透平增压泵现场运行图以及某时间段系统运行数据记录。

图 4-28　某发电厂现场运行图

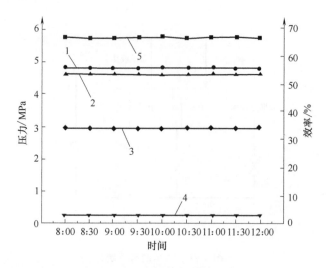

图 4-29　现场运行参数记录

1—泵出口压力；2—透平入口压力；3—泵入口压力；4—透平出口压力；5—透平增压泵效率

4.4　本章小结

本章介绍了海水淡化工艺及 SWRO 能量回收装置的形式和工作原理，给出了透平增压泵在 SWRO 工艺中的应用方法和案例。

透平增压泵本身具有结构简单、成本低、能耗低、使用范围广的优势，其应用在 SWRO 系统中运行平稳，噪声低，有较高的能量回收效率，以及很好的节能效果和可观的经济效益，对余压能量回收工程有很大的参考意义。

PX 能量回收装置和透平增压泵能量回收装置是目前海水淡化常用的两类节能装置，因 PX 能量回收装置的吨水能耗比透平增压泵能量回收装置低，近年来被更多采用。但 PX 能量回收装置产生的噪声相对于透平式高约 10dB，振动强度强约 2 倍，结构和元件数量相对也比较多，故透平增压泵能量回收装置在 SWRO 工艺中具有独特的优势，不可完全替代。

参考文献

［1］　潘献辉，王生辉，杨守志，等．反渗透海水淡化能量回收技术的发展及应用［J］．中国给水排水，2010，26（16）：16-19.

［2］　汪程鹏，李东洋，王生辉，等．两类能量回收装置的海水淡化工程应用对比［J］．净水技术，2021，40（07）：113-118.

［3］　曹悦妮．《2020 年全国海水利用报告》公布［N］．中国自然资源报，2021-12-07（001）.

［4］　蒋璐宇．H 厂海水淡化项目技术经济分析［D］．长春：吉林大学，2019.

［5］　王双．低温多效海水淡化工艺在湛江钢铁的研究和运用［D］．西安：西安建筑科技大学，2018.

［6］　孙鑫．船用反渗透海水淡化装置能量回收技术应用研究［D］．石家庄：河北科技大学，2016.

［7］　梁承红，邢红宏，李荫，等．反渗透海水淡化技术在舰船上的应用［J］．化学工程与装备，2011（10）：180-182.

［8］　王小龙．大型反渗透海水淡化工程优化调度方法研究［D］．杭州：杭州电子科技大学，2015.

[9] 徐暄阔, 王世昌. 反渗透淡化系统余压水力能量回收装置的研究进展 [J]. 水处理技术, 2002 (2): 63-66.

[10] 刘倩. 风能反渗透海水淡化系统研究 [D]. 天津: 天津大学, 2020.

[11] 刘宏帅, 郑超颖, 李丹, 等. 核能海水淡化的应用分析 [J]. 产业与科技论坛, 2022, 21 (5): 51-52.

[12] 常宇清, 鞠茂伟, 周一卉. 反渗透海水淡化系统中的能量回收技术及装置研究进展 [J]. 能源工程, 2006 (3): 48-52.

[13] 吴家能. 旋转式能量回收装置在反渗透海水淡化系统中的应用研究 [D]. 天津: 天津大学, 2016.

[14] 王素, 许志龙, 方芳, 等. 反渗透海水淡化旋转式能量回收装置研究进展 [J]. 能源与环境, 2018 (04): 10-13.

[15] 仇汝臣, 岳坤, 王玉爽, 等. 海水淡化技术研究进展及展望 [J]. 现代化工, 2017, 37 (9): 49-51, 53.

[16] 王晓晖, 杨军虎, 史凤霞. 能量回收液力透平的研究现状及展望 [J]. 排灌机械工程学报, 2014, 32 (9): 742-747.

[17] Woodcock D J, Morgan W I. The Application of Pelton Type Impulse Turbines for Energy Recovery on Sea Water Reverse Osmosis Systems [J]. Desalination, 1981, 39 (1): 447-458.

[18] Penate B, Garcia R L. Energy Optimisation of Existing SWRO (Seawater Reverse Osmosis) Plants with ERT (Energy Recovery Turbines) Technical and Thermoeconomic Assessment [J]. Energy, 2010, 36 (1): 613-626.

[19] Schneider B. Selection, Operation and Control of a Work Exchanger Energy Recovery System Based on the Singapore Project [J]. Desalination, 2005, 184 (1-3): 197-210.

[20] L. Drablφs, Aqualyng™—a new system for SWRO with pressure recuperation [J]. Desalination, 2001, 139 (1-3): 149-153.

[21] Cameron I B, Clemente R B. SWRO with ERI's PX Pressure Exchanger Devince-A Global Survey [J]. Desalination, 2007, 221 (1): 136-142.

[22] 曲磊, 杨晓超. 反渗透海水淡化 (SWRO) 能量回收技术应用分析 [J]. 山东化工, 2015, 44 (16): 110-112.

[23] Pikalov V, Arrirta S, Jonsea T, et al. Demonstration of an Energy Recovery Device Well Suited for Modular Community-based Seawater Desalination Systems: Result of Danfoss ISAVE 21 Testing [J]. Desalination and Water Treatment, 2013, 51 (22-24): 4694-4698.

[24] 肖述晗. 反渗透海水淡化一体式能量回收装置 (PPX) 的机理研究 [D]. 北京: 北京工业大学, 2017.

[25] 李良. 海水淡化能量回收增压一体机关键结构设计与力学特性分析 [D]. 杭州: 浙江大学, 2018.

[26] Alisha Cooley. Turbocharged cost savings in RO systems [J]. World Pumps, 2016 (6): 36-41.

[27] 纪运广, 刘璐, 刘永强, 等. 船舶反渗透海水淡化工艺研究 [J]. 船舶科学技术, 2018, (2): 119-123.

[28] 翁晓丹, 张希建, 张建中, 等. 我国反渗透海水淡化能量回收装置研究与应用现状 [J]. 中国给水排水, 2021, 37 (4): 11-15.

[29] 张建中. 海岛节能一体化海水淡化装置研究 [D]. 杭州: 浙江工业大学, 2017.

[30] Wang Shenghui, JI Yunguang, et al. Energy Recovery Turbines in the Reverse Osmosis Desalination: Research Status and Key Technologies [C]. Proceeding of 2015 Asia-Pacific International Desalination Technology Forum, 70-75.

[31] 李宏秀, 范晓鹏, 潘旗. 海水反渗透系统的设计要点 [J]. 工业水处理, 2009, 29 (8): 98-100.

[32] 邵天宝, 刘筱昱, 李露, 等. 小型海岛反渗透海水淡化设计要点 [J]. 水处理技术, 2015, 41 (10): 134-136.

[33] 刘瑜, 杨慧, 李银, 等. 天津市用于滨海河口生态补水的非常规水资源估算 [J]. 南水北调与水利科技, 2016, 14 (3): 62-66.

[34] Qiu G H, Wang S H, Song D W, et al. Review of performance improvement of energy recovery turbines in the reverse osmosis desalination [J]. Desalin. Water Treat., 2018, 119: 70-73.

[35] 康权, 吴水波, 苏慧超, 等. 高国产化率反渗透海水淡化装置的调试运行 [J]. 中国给水排水, 2014, 30 (6): 97-100.

[36] 高从堦, 阮国岭. 海水淡化技术与工程 [M]. 北京: 化学工业出版社, 2016.

第5章

透平增压泵在合成氨碳酸丙烯酯脱碳工艺中的应用

5.1 合成氨碳酸丙烯酯脱碳工艺

5.1.1 合成氨的生产过程

合成氨工业化 100 多年来对人类社会的影响极为深远，甚至远远地超出了化学工业本身的范畴，合成氨工业化的成功极大地促进了高压生产技术、高压化学合成技术、气体深度净化技术和催化剂生产技术的发展。以合成氨为基础原料的化肥工业对粮食增产的贡献率占 50% 左右，使人类社会免受饥荒之苦而居功至伟。合成氨已经成为数以百计的无机化工产品和有机化工产品的生产原料，如：无机化工产品中的硝酸、纯碱、所有铵盐和含氮无机盐、工业制冷剂等；有机化工产品中的含氮中间体、磺胺类药物、维生素、氨基酸、己内酰胺、丙烯腈、酚醛树脂、三硝基苯酚、硝化甘油、硝化纤维和尿素等。

合成氨的生产过程一般包括 3 个主要步骤。

① 造气，即制造含有氢和氮的合成氨原料气，也称合成气。采用合成法生产氨，首先必须制备含氢和氮的原料气。它可以由分别制得的氢气和氮气混合而成，也可同时制得氢氮混合气。

② 净化，即对合成气进行净化处理，以除去其中氢和氮之外的杂质。制取的氢氮原料气中都含有硫化合物、CO、CO_2 等杂质。这些杂质不仅能腐蚀设备，而且能使氨合成催化剂中毒。因此，把氢氮原料气送入合成塔之前，必须进行净化处理，除去各种杂质，获得纯净的氢氮混合气。

③ 压缩和合成，即将净化后的氢氮混合气体压缩到高压，并在催化剂和高温条件下反应合成为氨。生产合成氨的原料主要有焦炭、煤、天然气、重油、轻油等燃料，以及水蒸气和空气，用于合成氨的大型加工设备如图 5-1 所示。其生产工艺流程包括：脱硫、转化、变换、脱碳、甲烷化、氨的合成、吸收制冷及输入氨库和氨吸收 8 个工序。

在合成氨的生产过程中，脱除 CO_2 是比较重要的工序之一，其能耗约占氨厂总能耗的 10%。因此，脱除 CO_2 工艺的能耗高低，对氨厂总能耗的影响很大，国外一些较为先

图 5-1 用于合成氨的大型加工设备

进的合成氨工艺流程，均选用了低能耗脱碳工艺。我国合成氨工艺能耗较高，脱碳工艺技术也比较落后，因此，结合具体情况，推广应用低能耗的脱除 CO_2 工艺非常有必要。

5.1.2 合成氨工艺脱碳方法

合成氨原料气中 CO_2 的脱除和回收不但关系到合成工艺及系统的碳平衡，而且对节约能源、降低生产费用具有重要意义。目前脱碳技术的改进方法主要有如下4种。

(1) 碳酸丙烯酯（Propylene Carbonate，PC）法

该法于1960年由 Kohl 和 Backingham 共同开发，1961年投入工业化生产，Fluor 公司获得专利权。在国内，此技术于20世纪70年代由南京化工研究院等单位开发，1978年第一套碳酸丙烯酯脱碳工业装置投产，具有代表性的工业装置是山东明水化肥厂2.7MPa脱碳装置。该法应用范围广，但仍然存在一些问题，表5-1阐述了PC法的优缺点及解决方法。

表 5-1　PC 法的优缺点及解决方法

优点	存在的问题	解决方法
简单、易操作、溶液再生不需加热,能耗低	溶剂损耗大,溶剂蒸气压高,气相回收系统不完善,操作管理水平较低	(1)降低吸收温度 (2)降低溶剂消耗 (3)利用碳酸丙烯酯高效回收工艺
	溶剂吸收 CO_2 能力低,导致净化气中 CO_2 含量高,特别是在低分压、低酸性组分时尤为突出	研究复合脱碳溶剂,主要由碳酸丙烯酯与碳酸丙烯酯添加剂组成
	腐蚀问题:溶剂回收系统溶液浓度<10%,碳钢设备、管道、管件腐蚀严重	采用不锈钢管道、管件及运转设备

(2) 聚乙二醇二甲醚（NHD）法

该法于1965年由美国联合化学公司研发，至今已在全世界许多家工厂中应用，其特

点有：①净化度高，是一种优良的物理吸收剂；②具有良好的化学稳定性和热稳定性；③溶剂蒸气压低，挥发损失少；④NHD溶剂使用时不起泡、操作稳定、不用消泡剂等；⑤NHD溶剂对金属材料不腐蚀，设备材料可用碳钢，投资少，维护成本低；⑥无臭、无毒，可被生物降解，对环境无污染；⑦流程短，操作稳定、方便。

(3) 活化甲基二乙醇胺（Methyldiethanolamine，MDEA）**法**

该法由德国巴斯夫（BASF）公司开发，吸收 CO_2 的速率较慢，为提高溶液吸收和再生速率，通常加入少量DEA等活化剂。因此，活化MDEA法吸收 CO_2 的过程具有物理吸收和化学吸收的特点。该法自问世以来受到了广泛关注，称为现代低能耗脱碳法。20世纪80年代末至90年代初，南京化工研究院、华东理工大学、四川化工研究院先后推出具有各自特色的活化MDEA脱碳工艺。由于该工艺具有吸收能力大、反应速度快、适应范围广、再生能耗低、净化度高、溶液基本无腐蚀性、大部分设备及填料可用碳钢制作、操作简化等优点，因此，在较短的时间内它被国内20多家中小型合成氨厂广泛采用。然而该法也存在以下主要问题。

① 溶液降解和腐蚀。MDEA溶液在脱碳过程中有一定的腐蚀和降解。

② 溶液起泡。起泡是由于溶液中化学污染物使表面张力降低引起的。污染物通常有：压缩机和阀门的润滑油，溶液降解产物，消蚀剂，微粒悬浮物和氧。

③ MDEA溶剂的损失。溶剂损失是装置的重要经济指标。在使用该法的装置中，溶剂损失的途径有蒸发、夹带、降解及跑冒滴漏等。

(4) 低温甲醇洗净化法

低温甲醇洗净化法是采用甲醇作为吸收剂的一种物理吸收法，于20世纪50年代由林德（Linde）公司和鲁奇（Lurgi）公司共同开发，由于该技术成熟，在工业中有着广泛的应用，主要特点为：甲醇具有较好的热稳定性、化学稳定性、传热传质性能；净化度高；吸收选择性好。低温甲醇洗净化工艺存在的主要问题如下。

① 腐蚀问题。低温甲醇洗系统中最易腐蚀的部位是换热器处，羰基铁的生成会产生腐蚀。另外，甲醇中水含量超标时会加剧 CO_2、H_2S 对设备、管道的腐蚀，对生产十分不利。

② 甲醇单耗大。引起甲醇单耗大的原因有：原料气的温度较高和制冷工段不能有效地为甲醇洗系统提供冷量；萃取系统或甲醇富液中间贮罐温度高导致甲醇气体分压增大；甲醇再生系统闪蒸塔闪蒸不充分；甲醇泵机封泄漏；甲醇/水分离塔操作不正常导致废水中甲醇含量高。

③ 甲醇的吸收效果差。甲醇再生液中部分杂质的存在也严重影响了甲醇的吸收效果。

5.2 合成氨碳酸丙烯酯脱碳工艺的能量回收

合成氨脱碳过程中存在大量未利用的液体压力能，将这部分能量回收利用可有效降低能源消耗和减少污染物排放。

5.2.1 传统合成氨碳酸丙烯酯脱碳工艺

碳酸丙烯酯脱碳溶剂（$C_4H_6O_3$）具有性质稳定、再生容易、净化度高、价格便宜等特点，成为众多小型合成氨系统中常用的一种湿法脱碳方式，即 PC 法脱碳。表 5-2 是碳酸丙烯酯溶剂脱碳的一般操作环境。

表 5-2　碳酸丙烯酯溶剂脱碳的一般操作环境

试剂	吸收压力/MPa	操作温度/℃	原料气 CO_2(质量分数)/%	净化气 CO_2(质量分数)/%
PC	1.4～2.0	25～38	20～30	0.2～1.0

碳酸丙烯酯溶剂在高压环境下吸收并脱除工艺气体中的酸性气体，在低压环境下进行再生，然后增至高压形成循环。此类脱碳方法吸收塔中压力越高，越有利于酸性气体的脱除，因此在吸收塔底的出口积攒着大量余压能。

传统碳酸丙烯酯脱碳工艺原理如图 5-2 所示，具有以下不足：流量大、压差小、流量波动大；采用减压阀直接将高压富液减压，能量浪费严重；采用全扬程电动贫液循环泵对碳酸丙烯酯液增压，能耗高，整个机组密封性能要求高，密封元件频繁更换费用昂贵。解决上述问题，可大大降低投资成本，节省能源，减少排放。

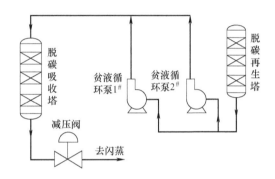

图 5-2　传统碳酸丙烯酯脱碳工艺原理

5.2.2　现有助推式透平能量回收技术

如图 5-3 所示为助推式透平能量回收实现方式。

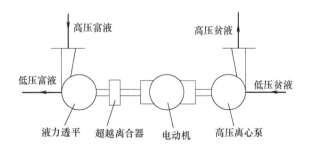

图 5-3　助推式透平能量回收实现方式

系统正常工作需满足透平叶轮转速高于电动机的转速，超越离合器才会啮合。系统中压力、流量波动不宜过大，否则离合器极易出现高速啮合和脱开，极易损坏。并且在实际运行过程中，机械密封故障率高，维修更换成本较高，不能长期稳定运行，易引发安全事故；泵＋液力透平＋电机＋离合器机组设备安装调试与维修困难，常用泵反转透平综合效率低，检修周期短，使得系统投资成本高，安全性能低，使用范围受到局限。

5.2.3 透平增压泵式能量回收装置工艺设计

透平增压泵技术是一种新型能量回收技术，在 SWRO 系统中已普遍应用，其核心技术是将高压富液的能量直接转化成低压贫液的能量，如图 5-4 所示。透平增压泵与一级增压泵接力为贫液增压压，减少了原高压贫液循环泵所需扬程，降低了贫液循环泵的能耗，使整个机组密封性能要求降低，相对提高了系统密封性能，延长了系统稳定运行的周期。

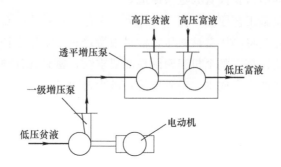

图 5-4　透平增压式能量回收实现方式

应用透平增压泵将脱碳富液的余压能量直接高效转换成贫液的能量。透平增压泵与一级供料泵串联工作，分级提升贫液的压力，将贫液打入脱碳吸收塔。电机驱动的一级供料泵流量为全流量，但扬程却只有原来的 40%～60%，所配套的电机和电气控制设备也相应减小为原来的 40%～60%。透平增压泵采用单级高速冲击式水力透平直接驱动单级高速水泵叶轮，能量转换效率最高达 81%。由于透平增压泵泵轮能自动适应透平叶轮的转速，受富液流量和压力的变化影响较小，使透平增压泵始终保持高效率；由于透平增压泵结构简单，转动部件少，没有机械密封和滚动轴承，不需要超越离合器，所以透平增压泵运行安全、可靠，故障率极低，噪声低，无泄漏。与透平助推能量回收方式相比，透平增压泵投资较小，资金回收期短，作为新一代能量回收技术已正在反渗透海水淡化等行业得到广泛应用。

5.3　透平增压泵在合成氨碳酸丙烯酯脱碳工艺中的应用

透平增压泵通过轴把透平与泵直连，省去了离合器和外密封，可有效提高能量回收效率和设备可靠性。设计透平增压泵的一般流程为：首先根据系统工况参数选择或设计透平侧水力模型，然后基于扬程和流量要求选择或设计同转速下的泵模型，再经过流场分析和参数优化得到较高效率的两侧水力模型，最后进行样机生产和测试。在以上设计流程中，一般只考虑两侧模型参数在设计工况点的匹配，未充分考虑变工况下两侧参数的匹配。本章以合成氨脱碳工艺系统为例，研究能量回收透平增压泵两侧模型高效匹配规则，并基于匹配规则设计适用该工艺系统的高效率透平增压泵。

以某化工设备有限公司 2 套独立运行的合成氨碳酸丙烯酯脱碳净化装置为例，系统最大循环流量 1000m³/h，脱碳吸收塔在 1.8MPa 下操作，高压富液流经液位调节阀节流减压至 0.4MPa 后进入闪蒸罐，高达 1.4MPa 的余压能通过减压阀损失掉，造成脱碳工艺电耗居高不下，脱碳富液能量的高效回收利用可从根本上降低脱碳工艺的电耗。

采用透平增压泵技术对上述装置进行节能改造，透平增压泵式能量回收系统主要包括能量回收装置工艺系统和辅助润滑系统两部分。

5.3.1　透平增压泵式能量回收装置工艺设计

在原合成氨碳酸丙烯酯脱碳系统中加入透平增压泵能量回收回路，保留、备用"减压阀+高压循环泵"回路。两路相对独立，切换方便，具体如图 5-5 所示，吸收塔底部出口 DN600mm 管线后续设为 A、B、C 三路：A 路管径 DN450mm，经过一系列管道阀门直接进入透平增压泵透平侧进行能量回收；B 路管径为 DN125mm，是旁路；C 路管径为 DN600mm，透平增压泵出口、旁路及经过液位调节阀的线路汇合为一路前往闪蒸。透平增压泵采用 B 回路旁路调节，避免了工艺波动，稳定了透平增压泵的输出功率。

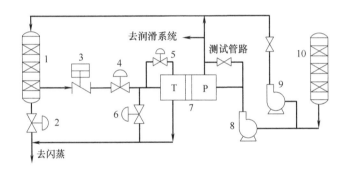

图 5-5　透平增压式能量回收工艺原理及主要配置

1—脱碳吸收塔；2—液位调节阀；3—快速切断阀；4—节流阀；5—辅助阀；6—旁通阀；

7—透平增压泵；8—循环供料泵1#；9—循环供料泵2#；10—脱碳再生塔

透平增压泵与贫液循环泵 1# 串联分级增压，贫液循环泵 2# 备用，通过降低贫液循环供料泵出口压力来降低其电耗，并采用 VFD（变频驱动器）调节，这比节流阀和旁通阀调节更节能。该系统对流体特性波动的适应性更强，大流量下运行，规模效应明显。

正常运行时，85% 的高压富液流量经吸收塔底部过透平侧进行能量回收，全部的低压贫液经泵侧增压，约有 2/3 的增压是靠一级循环泵来完成的。与透平增压泵直接关联的有 3 个阀门，位于透平增压泵透平入口的节流阀，透平入口的辅助阀，以及透平增压泵并行的旁通阀，其中节流阀可以容纳所有高压富液流量通过并产生相应压降来适应透平增压泵透平侧压力，辅助阀可以通过 10% ~15% 的流量，旁通阀则可以通过 20% 的流量，这 3 个阀相互配合完成吸收塔的液位调节。

系统正常运行过程中，如果吸收塔液位下降，液位控制器则会发出信号，辅助阀关闭，减少进入透平侧流量，液位上升；如果吸收塔液位上升，液位控制器则会发出降低液位的信号，节流阀逐渐打开，辅助阀打开以增加流量，若液位仍在上升，则辅助阀完全打开，旁通阀逐渐打开，让更多的流量通过旁路。在正常操作中，10% ~15% 的调节量足以满足液位的调节。如果液位急剧不可控变化，则需要液位调节阀和快速切断阀进行紧急辅助调节。

(1) 工艺参数设计

以需增压流量为 $500m^3/h$ 的碳酸丙烯酯液脱碳工艺系统为例，设计工艺系统参数，并根据工艺系统参数设计透平增压泵的透平侧及泵侧水力模型。

针对工艺特点设计泵侧与透平侧，泵侧流量 $500m^3/h$，需增压到 2.3MPa，透平侧排空 15% 流量作调节备用，可供透平使用的流量为 $425m^3/h$，工艺系统需要最低的 0.4MPa 压力，可利用压降为 1.4MPa。利用以上参数对透平增压泵进行设计，如表 5-3 所列。

表 5-3　透平增压泵的工艺参数

参数	数值	参数	数值
系统工艺流量/(m^3/h)	500	透平出口压力/MPa	0.4
透平流量/(m^3/h)	425	泵流量/(m^3/h)	500
透平进口压力/MPa	1.8	泵出口压力/MPa	2.3

(2) 透平增压泵辅助润滑系统设计

透平增压泵内部装有自润滑推力轴承和中心轴承，直接使用来自透平增压泵的高压贫液进行润滑，所需流量不超过总流量的 1%。为保证系统安全运行，润滑液设有 2 个来源：一是来自透平增压泵泵侧的高压贫液；二是当透平增压泵泵侧无法提供高压贫液时，则由润滑泵供给，其工艺原理如图 5-6 所示。液体自润滑轴承避免了轴封及其辅助系统的使用，降低了维护成本。

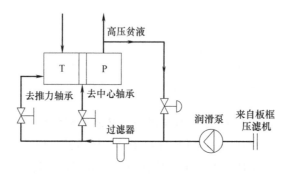

图 5-6　透平增压泵辅助润滑系统工艺原理

轴承润滑系统对润滑液具有较高的清洁度要求，轴承安装部位间隙较小，杂质进入易造成堵塞及轴承划伤，致使透平增压泵无法正常工作，一般需前置安装精度为 120 目左右的过滤器，精度不宜过高或过低：过高易造成堵塞，过低会造成过滤质量低，导致轴承损伤。

5.3.2　两侧模型设计及模拟

(1) 透平侧模型

为了提高透平侧水力模型的效率及实现较宽的高效率流量区间，在转速选择时选择高效率比转速模型。转速选择为 3000r/min，为了拓宽透平侧的高效率区间，透平侧的水力模型采用专用径向液力透平设计。依据表 5-3 给出的设计参数，对专用径向液力透平模型优化后得到的液力透平叶轮的主要几何参数见表 5-4。

表 5-4　液力透平叶轮的主要几何参数

参数	数值	参数	数值
叶轮出口直径 D_1/mm	140	叶轮进口角度/(°)	90
叶轮进口直径 D_2/mm	304	叶轮出口角度/(°)	37.5
进口宽度 b_2/mm	26	叶轮叶片数/个	6

(2) 透平侧模拟计算

利用 BladeGen 导出的图形在 SolidWorks 中建模并且装配，整体的流域包括叶轮、蜗壳、尾水管 3 部分。采用侧面出口的圆形截面蜗壳，叶轮出口后接的直管段部分采用叶轮出口直径 4 倍长度的直管段。将整体的过流部件在图形中装配完成后如图 5-7 所示。对叶轮、蜗壳及尾水管进行网格划分，叶轮采用 T-gird 进行结构化网格划分，划分结果如图 5-8 所示。

图 5-7　透平侧全流场计算模型装配

图 5-8　结构化网格划分

(3) 网格无关性检查

对全流场进行网格无关性检查，当总网格数量在 85 万以上时，轴功率和效率的偏差在 0.5% 以内，因此本书中用于数值计算的网格在 85 万以上。

(4) CFX 求解设置

利用 WORKBENCH-CFX16.0 模拟透平增压泵的透平侧模型进行包括蜗壳、叶轮及尾水管 3 部分组成的全流域定常数值分析。

使用 Turbo Mode 设置透平，选用 Radial Turbine 模式，分析状态选择定常分析。之后定义叶轮为转子 R_1，蜗壳与扩散管设置为定子 S_1、S_2。固壁面为无滑移边界，近壁区应用标准壁面函数，叶轮转速为 3000r/min，动静交接面（Interface）为 FrozenRotor，过流表面的粗糙度为 $50\mu m$，收敛残差标准为 10^{-5}。设置压力进口、质量流量出口边界条件，介质为 25℃的水，改变流量大小，模拟透平过流部分在不同流量压力下的性能。

(5) 透平外特性曲线

数值模拟得到了不同流量下的透平侧外特性数值，利用数值绘制透平侧的外特性曲线，如图 5-9 所示。设计工况点为最佳效率点，最高效率为 69.5%，压力水头降低 141m，输出轴功率 136.1kW；图 5-10 显示透平进口最大压力值为 1.77MPa，满足工况设计要求。

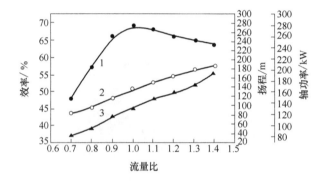

图 5-9　透平侧外特性曲线

1—透平侧效率；2—透平侧扬程；3—透平侧轴功率

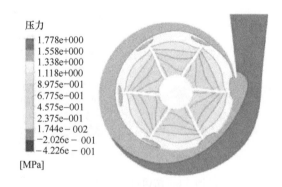

图 5-10　透平侧内部流场压力云图

在 Q_{BEP} 流量点处的扬程为 141m，输出轴功率为 136.1kW，由式（5-1）计算可以得到泵侧扬程为 74.8m，当泵侧扬程小于 74.8m 时透平输出功率可以满足泵侧所需功率。泵侧与 1 个中压泵串联共同达到 2.3MPa 的增压值，在透平增压泵泵侧前需要 1 个扬程为

160m 的增压泵，泵侧所需要的压力水头增加为 70m。依据可增压值与工艺系统参数设计泵侧水力模型参数，见表 5-5。

$$H = \frac{1000P\eta}{\rho g Q} \tag{5-1}$$

表 5-5　透平增压泵泵侧叶轮参数

名称	数值	名称	数值
叶轮进口直径 D_1/mm	170	叶轮进口角度/(°)	22.5
叶轮出口直径 D_2/mm	260	叶轮叶片数/个	6
进口宽度 b_2/mm	44		

(6) 泵侧模拟计算

透平增压泵的泵侧模型同样利用 WORKBENCH-CFX16.0 进行包括蜗壳、叶轮及尾水管 3 部分组成的全流域定常数值分析。图 5-11 所示为用于模拟计算的泵侧全流场装配图。

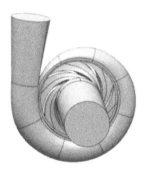

图 5-11　用于模拟计算的泵侧全流场装配图

泵侧的模拟过程设置与透平侧相同，转速设置为 3000r/min，改变流量大小，模拟泵侧过流部分在不同流量压力下的性能。

如图 5-12 所示，设计得到的泵侧模拟结果在设计工况流量处达到最高效率 87.2%，

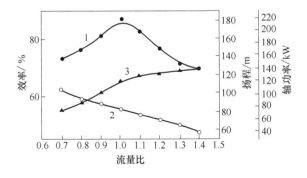

图 5-12　透平增压泵泵侧外特性曲线

1—泵侧效率；2—泵侧扬程；3—泵侧轴功率

扬程可达76m。如图5-13所示，泵侧出口压力最高为2.37MPa，满足设计的2.3MPa的增压值要求。

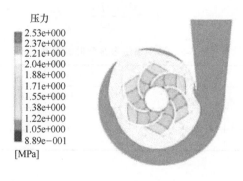

图5-13　泵侧内部流场压力云图

5.3.3　透平增压泵两侧匹配关系

决定透平增压泵的能量回收效率因素有两点。第一点是透平增压泵透平侧与泵侧两侧的水力模型效率。能量从透平侧液体压力能转化为透平增压泵转子动能，动能再转化为泵侧液体的压力能，提高两侧水力模型效率可有效提升透平增压泵的能量回收效率。第二点是通过两侧的相关的流量与轴功率参数关系保证透平增压泵两侧同时在高效率区间内运行。

（1）两侧流量关系

根据碳酸丙烯酯液脱碳工艺流量的数据，进入泵侧需增压的流量为500m³/h，进入透平侧的流量为425m³/h，留有15％的流量排空作为调节余量，当泵侧流量发生变化时，透平侧流量与泵侧流量比例不变，比值为85％，通过此比值可将透平侧与泵侧模型的工况对应起来。

（2）轴功率关系

透平侧通过刚性轴连接泵侧并传递能量，两侧转速相同。透平输出的扭矩需大于泵侧所需扭矩才能实现泵侧对过流液体的增压要求。

当角速度相同时，则需要透平侧输出轴功率大于泵侧所需轴功率，即可达到透平助推的目的。

（3）泵侧及透平侧外特性曲线

在获得高效率区间的泵侧轴功率变化区间后，参考离心泵原动机功率计算公式，液力透平的功率余量系数取值为1.1，采用一体式传动方式，效率选择直联传动效率，为1.0。可计算出泵侧所需的透平侧轴功率。

$$P_T = \frac{k}{\eta_t} P_P \tag{5-2}$$

式中　　P_P——泵侧所需轴功率；

　　　　P_T——透平侧输出轴功率；

η_t——传动装置效率；

k——余量系数。

以 $0.84Q_{BEP} \sim 1.23Q_{BEP}$ 高效率区间的泵侧轴功率范围 $94.2 \sim 135.3kW$，按式（5-1）~式（5-3）计算可得到泵侧所需功率范围为 $103.6 \sim 148.8kW$，通过计算得到的各对应点绘制泵侧所需轴功率的曲线。对比泵侧所需轴功率曲线与透平侧输出轴功率曲线可知，透平输出功率曲线始终在泵侧所需轴功率曲线上方，满足透平侧始终助推的动力要求。透平侧可输出轴功率区间 $109.6 \sim 163.4kW$ 满足泵侧所需的功率。透平增压泵两侧外特性曲线见图 5-14。

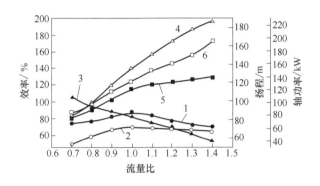

图 5-14 透平增压泵两侧外特性曲线
1—泵侧效率；2—透平侧效率；3—泵侧扬程；4—透平侧扬程；5—泵侧轴功率；6—透平侧轴功率

5.3.4 透平增压泵能量回收效率计算

整体对比两侧外特性曲线后，在两侧水力模型高效水力效率区间为 $0.84Q_{BEP} \sim 1.23Q_{BEP}$，保证工况处于此区间内可以使得透平增压泵两侧都在一个高效率区间运行。

$$\eta = \frac{Q_P H_P}{Q_T H_T} \tag{5-3}$$

式中 Q_P——泵侧流量；

Q_T——透平侧流量；

H_P——泵侧扬程；

H_T——透平侧扬程。

当泵侧与透平侧介质相同时，透平增压泵的能量回收效率可由式（5-3）计算得出，同等时间内泵侧过流液体增压值与液体的流量乘积为已回收能量，透平侧的压降值与液体的过流流量乘积为可用能量。这两项的比值即为透平增压泵回收能量的效率，计算可得本书中设计的透平增压泵能量回收效率为 58.8%；利用两侧模型效率相乘，可算出透平增压泵最佳效率为 60.6%，两者误差为 3.06%，验证了基于数值模拟的透平增压泵设计方法的可靠性和准确性。

5.3.5 能量回收应用效果分析

透平增压泵能量回收系统一级贫液循环泵采用 MD900-50×5，润滑泵采用 CSF-F-5，

2016 年 3 月开始安装运行，经过一系列调试，透平增压泵能量回收系统运行基本稳定，吸收塔液位维持在 61%～65%，综合能量回收效率在 65% 以上。图 5-15 和图 5-16 所示分别为透平增压泵系统现场运行以及某时间段系统运行参数。河北某化工设备有限公司两套独立运行的变换气碳酸丙烯酯脱碳净化装置每年运行 330d，2 套装置共节约 $763.54 \times 10^4 kW \cdot h$，节约电力成本 534.47 万元。

图 5-15　透平增压泵系统现场运行

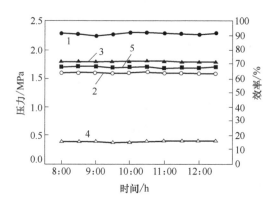

图 5-16　透平增压泵某时间段运行参数

1—泵出口压力；2—透平入口压力；3—泵入口压力；4—透平出口压力；5—透平增压泵效率

5.3.6　透平增压泵能量回收技术其他应用案例

河南某化肥有限公司对于合成氨变脱系统液力透平能量回收效率低的问题也进行了优化改造：贫液泵降扬程提流量、老式涡轮机更换为透平泵一体化直连新型液力透平，即透平增压泵。优化改造后，节电节能效果显著。

图 5-17 所示为河南某化肥有限公司改造前变脱系统溶液流程示意。原有透平为传统辅助驱动式，设计的贫液泵扬程过高，且涡轮机运行工况与设计工况偏差较大，能量回收效率低。

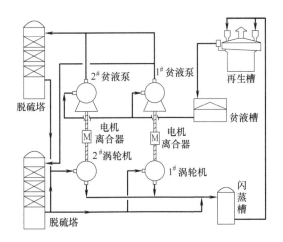

图 5-17　河南某化肥有限公司改造前变脱系统溶液流程示意

根据需求，改造后采用透平和泵一体化设计，包含透平端和泵端。按照设计参数，优化改造项目运行后，仅需新型液力透平和 1# 贫液泵运行，2# 贫液泵和 1#、2# 涡轮机将停运，但并不拆除，仍作为备用设备。新型液力透平相关参数为：透平端流量 600m^3/h，扬程 134m；泵端流量 200m^2/h，扬程 246m。优化改造后变脱系统溶液流程如图 5-18 所示。

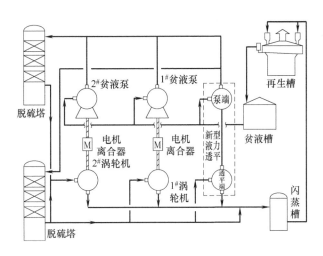

图 5-18　优化改造后变脱系统溶液流程示意

在实施改造过程中，发现透平增压泵和常规液力透平相比，具有以下优点：①透平和泵同轴直连，转子对中性好，设备运行更加稳定，易损件维护周期长；②透平回收的机械能直接转化为泵所需的机械能，无二次转化，摩擦少，设备效率高；③设备内的运转间隙小，通过各种方式，可减小级间泄漏，同时该设备为多级叶轮结构，但无平衡管，容积损失小；④叶轮采用背靠背布置，可实现轴向力自平衡；⑤外形尺寸小，占地面积小，方便工厂后期改造。

优化改造前，两台脱硫泵运行，日电耗约 16000kW·h，优化改造后，一台脱硫泵和透平泵（不耗电）运行，日电耗约为 10500kW·h，优化后每天节电 5500kW·h，节电效果显著。

因为缺乏行业应用经验，为最大限度降低风险，该公司选取二分公司一期变脱系统为试点，试验成功后，再进行推广。2016年3月，根据二分公司一期良好的运行效果，透平和泵直连一体化设备在二分公司二期变脱系统和四分公司低温甲醇洗系统推广。图5-19所示为变脱系统透平机。

图 5-19 变脱系统透平机

5.4 本章小结

本章针对合成氨碳酸丙烯酯脱碳工艺流量大、压差小、流量波动大的特点，将透平增压泵应用于碳酸丙烯酯脱碳能量回收装置中，整个系统调节控制简单，适应性强，系统运行平稳，综合回收效率高。

按照合成氨碳酸丙烯酯脱碳工艺系统的要求设计优化了透平增压泵透平侧水力模型，并绘制了其外特性曲线，对模型进行了数值模拟和分析，验证了基于数值模拟的透平增压泵设计方法的可靠性和准确性。

应用透平增压泵后，显著降低了系统故障发生率，缩短了停机检修时间，带来良好的节能效果和可观的经济效益，可对余压能量回收利用起到工程示范作用。

参考文献

[1] 梁奇雄，钟利丹. 合成氨工业发展现状及重要性探讨 [J]. 内蒙古石油化工，2018，44（2）：51-52.

[2] 张咏. 合成氨装置脱碳过程工艺分析 [D]. 天津：天津大学，2010.

[3] 谢放华. 合成氨煤气发生炉设备配置与调整 [J]. 化学工业，2011，29（Z1）：49-51，55.

[4] 王爱民，牛艳蓉，刘子霄，等. 合成氨装置脱碳系统节能环保技改与优化总结 [J]. 中氮肥，2019（3）：34-37.

[5] 李炜，雷云. 节能合成氨脱碳系统 [P]. 重庆市：CN208809768U，2019-05-03.

[6] 孟硕，张海滨，田文爽. 合成氨装置脱碳单元节能优化探析 [J]. 石油石化绿色低碳，2016，1（02）：52-54.

[7] 唐俊丽. 合成氨工艺脱碳方法评述 [J]. 化学工程师，2011，25（12）：34-36.

[8]　傅永茂. 碳酸丙烯酯脱碳工艺 [J]. 宁夏石油化工, 1999（2）: 21-23.

[9]　费丽明, 王惠萍, 禹寅秋. 碳酸丙烯酯脱碳技术 [J]. 河南化工, 1998（4）: 21-22.

[10]　李桂林. 碳酸丙烯酯脱碳技术的应用 [J]. 辽宁化工, 1998（2）: 57-59.

[11]　郭理东, 郭凌云. NHD 脱碳液净化除杂技术的工业运用 [J]. 化肥工业, 2008, 35（6）: 45-47.

[12]　林民鸿, 周彬, 樊玲. NHD 净化技术的应用与开拓 [J]. 化肥工业, 2006（1）: 18-20, 57.

[13]　王志峰. NHD 脱碳工艺的先进性及应用前景 [J]. 现代化工, 1999（4）: 26-28.

[14]　周军. MDEA 全脱碳装置技改 [J]. 小氮肥, 2005（11）: 23-24.

[15]　徐莎莎, 杨清. 国产 MDEA 脱碳技术及溶液的应用总结 [J]. 大氮肥, 2017, 40（5）: 329-331.

[16]　徐守淦. MDEA 脱碳装置工艺技术改造 [J]. 小氮肥, 2009, 37（6）: 1-3.

[17]　张骏驰, 郑明峰. 低温甲醇洗工艺在中小化肥净化装置中的应用 [J]. 中氮肥, 2002（5）: 15-17.

[18]　尚乃明. 低温甲醇洗工艺在我厂的应用 [J]. 中氮肥, 2001（1）: 38, 48.

[19]　亢万忠, 唐宏青. 低温甲醇洗工艺技术现状及发展 [J]. 大氮肥, 1999（4）: 259-262.

[20]　纪运广, 徐洋洋, 薛树旗, 等. 透平增压泵在合成氨碳丙烯脱碳工艺中的应用研究 [J]. 现代化工, 2017, 37（11）: 158-161, 163.

[21]　王照成, 李繁荣, 周明灿. 余压能量回收装置在湿法脱碳工艺中的应用 [J]. 化肥设计, 2013, 51（3）: 46-49.

[22]　黄武星, 孙颜发. 能量回收液力透平泵在净化脱碳系统的应用 [J]. 煤化工, 2014, 42（1）: 66-68.

[23]　祝成耀, 薛树琦, 刘静. 余压能量回收技术在柴油加氢精制工艺中的应用研究 [J]. 现代化工, 2015, 35（7）: 124-127.

[24]　纪运广, 刘彤, 李晓霞, 等. 合成氨脱碳系统能量回收透平增压泵设计 [J]. 现代化工, 2019, 39（6）: 190-193.

[25]　张立胜, 裴爱霞, 术阿杰, 等. 特大型天然气净化装置液力透平能量回收技术优化 [J]. 天然气工业, 2012, 32（07）: 72-76, 108.

[26]　王桃, 孔繁余, 袁寿其, 等. 前弯叶片液力透平专用叶轮设计与实验 [J]. 农业机械学报, 2014, 45（12）: 75-79.

[27]　Tamer El-Sayed A, Amr Abdel Fatah A. Performance of hydraulic turbocharger integrated with hydraulic energy management in SWRO desalination plants [J]. Desalination, 2016, 379（1）: 85-92.

[28]　段艳慧, 张洋洋, 刘欣, 等. 新型液力透平在合成氨变脱系统中的应用 [J]. 煤化工, 2017, 45（2）: 55-57, 61.

第 6 章

透平增压泵在垃圾渗沥液
处理中的应用

6.1 垃圾渗沥液处理概述

垃圾主要分为生活垃圾、建筑垃圾和工业垃圾三大类。其中生活垃圾占比最多,可达60%。生活垃圾的处理方法包括填埋处理、焚烧处理和堆肥处理等。填埋是大量消纳城市生活垃圾的有效方法,也是所有垃圾处理工艺剩余物的最终处理方法,垃圾在填埋场发生生物、物理和化学变化,分解有机物,达到减量化和无害化的目的;焚烧处理则是将垃圾中可燃成分通过高温燃烧转化为能量用于发电和供暖;堆肥处理是通过一系列的化学作用,使垃圾变为肥料,以达到资源再利用的目的。

垃圾渗沥液是生活垃圾在堆放和填埋过程中由于压实、发酵等生物化学降解作用,同时在降水和地下水的渗流作用下产生的一种高浓度的有机或无机成分的液体。影响渗沥液产生的因素很多,主要有垃圾堆放填埋区域的降雨情况、垃圾的性质与成分、填埋场的防渗处理情况、场地的水文地质条件等。图 6-1 所示为垃圾渗沥液。

图 6-1　垃圾渗沥液

垃圾渗沥液的主要特点如下。

① 水质变化大。由于不同垃圾填埋场垃圾的性质、垃圾的填埋量、垃圾填埋时间、产生的垃圾渗沥液水质有很大的差异，即便在同一填埋场内，随着填埋时间的增加也会呈现较大差异，其至每日都有变化。

② 污染物浓度高。新鲜垃圾渗沥液 COD 可高达几万毫克/升。

③ 盐分较高。一般垃圾渗沥液的含盐量为 $1.5\% \sim 2\%$，对后续生化处理要求较高。

④ 有毒有害成分多。由于工业垃圾混入城市垃圾填埋厂，其产生的渗沥液往往包含多种物质，如芳香族有毒物质、表面活性剂和重金属，往往对后续处理影响较大。

⑤ 营养比例失调。渗沥液氨氮随着填埋时间的增长，C/N 比例会失调，高氨氮对生化系统有一定的抑制作用。晚期填埋场渗沥液氨氮会达到 1000mg/L 以上。

由此可见，垃圾渗沥液若不进行处理而直接排入环境，会造成严重的环境污染。常见的渗沥液处理方法主要有生物处理、化学处理和物理处理三种。其中，生化处理包括厌氧、好氧生物处理，或两种处理法相结合；化学处理主要包括高级氧化、混凝沉淀和萃取等；物理处理主要包括吸附和膜过滤。生物处理法技术投资少，运行成本低，但其难以降解渗沥液中大分子有机物；化学处理法则可以有效去除渗沥液中难降解的成分，所以导致其运行成本高，投资大；而物理处理法可以达到较为良好的处理效果，但是由于其工艺特点等原因，会产生难以处理的固体废料和浓液。在生化法处理之后采用反渗透法处理，受成分、温度等因素变化影响小，能够保证产水的水质稳定，在垃圾渗沥液等高盐、高浓废水处理上有占地面积小、出水水质优的特点，因而成为当前主流处理工艺。

表 6-1 摘自《生活垃圾填埋场污染控制标准》（GB 16889—2008），从表 6-1 中可以看出，处理后的垃圾渗沥液对 COD、BOD、氨氮和各种金属都有比较高的排放要求，是一种极难处理的污水。

表 6-1　生活垃圾填埋场污染控制标准

序号	控制污染物	排放浓度限值	污染物排放监控位置
1	色度（稀释倍数）	40	常规污水处理设施排放口
2	化学需氧量（COD_{Cr}）/(mg/L)	100	常规污水处理设施排放口
3	生化需氧量（BOD_5）/(mg/L)	30	常规污水处理设施排放口
4	悬浮物/(mg/L)	30	常规污水处理设施排放口
5	总氮/(mg/L)	40	常规污水处理设施排放口
6	氨氮/(mg/L)	25	常规污水处理设施排放口
7	总磷/(mg/L)	3	常规污水处理设施排放口
8	粪大肠菌群落/(个/L)	10000	常规污水处理设施排放口
9	总汞/(mg/L)	0.001	常规污水处理设施排放口
10	总镉/(mg/L)	0.01	常规污水处理设施排放口
11	总铬/(mg/L)	0.1	常规污水处理设施排放口
12	六价铬/(mg/L)	0.05	常规污水处理设施排放口
13	总砷/(mg/L)	0.1	常规污水处理设施排放口
14	总铅/(mg/L)	0.1	常规污水处理设施排放口

随着我国社会持续发展、经济水平不断提高，居民生活质量逐渐上升，导致生活垃圾

产量增加。根据住房和城乡建设部发布的《2020年城乡建设统计年鉴》数据，我国垃圾清运量呈逐年上升趋势，截至2020年，我国城市和乡村的垃圾总清运量已经达到了3.03亿吨，比2010年增长了37.1％。表6-2为2010～2020年我国生活垃圾清运量统计。

表 6-2　2010～2020 年我国生活垃圾清运量统计　　　　　　　　单位：亿吨

时间	城市生活垃圾清运量	乡镇生活垃圾清运量	总计
2010 年	1.58	0.63	2.21
2011 年	1.64	0.67	2.31
2012 年	1.71	0.68	2.39
2013 年	1.72	0.65	2.37
2014 年	1.79	0.67	2.45
2015 年	1.91	0.67	2.58
2016 年	2.04	0.67	2.7
2017 年	2.15	0.67	2.83
2018 年	2.28	0.67	2.95
2019 年	2.42	0.69	3.11
2020 年	2.35	0.68	3.03

随着生活垃圾产生得越来越多，垃圾渗沥液也随之增多，在国家倡导环保节能、大力实施垃圾分类处理的背景之下，如何合适、高效地处理垃圾渗沥液就显得尤为重要。垃圾渗沥液得到有效处理之后，不仅可以达到环保、减少污染的目的，还能实现资源再利用等可持续发展的目标。如图6-2所示为垃圾渗沥液处理设备。

图 6-2　垃圾渗沥液处理设备

6.2　碟管式垃圾渗沥液反渗透（DTRO）工艺

6.2.1　垃圾渗沥液处理工艺

目前广泛应用的垃圾渗沥液处理工艺主要有三种，分别是：中温厌氧系统＋MBR

（膜生物反应器）＋RO 工艺，两级 DTRO 反渗透处理工艺，以及 MVC（机械压缩蒸发）＋DI（离子交换）工艺。

（1）中温厌氧系统＋MBR＋RO 工艺

该工艺流程为垃圾渗沥液通过调节池流入中温厌氧池，经大分子有机污染物降解后进入缺氧段 MBR 反应器中，与回流水混合进入好氧段 MBR 进行曝气，去除渗沥液中的 TN（总氮），好氧池出水进入 MBR 分离器，将分离的污泥浓液回流至 MBR 缺氧段，MBR 出水进入反渗透系统，渗沥液经反渗透处理后实现达标排放（图 6-3）。图 6-4 所示为 MBR 膜。

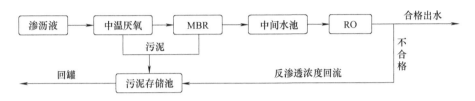

图 6-3 中温厌氧系统＋MBR＋RO 工艺流程

图 6-4 MBR 膜

该工艺原理为生化反应和物理处理工艺，由于生化系统运行过程中受到影响的因素较多，需要各单元之间密切协调配合，该工艺自控程度较高，技术风险较低，但对"老龄化"渗沥液处理难度较大。因此，总体来看该工艺投资较低，主体设备多为国产，污染物总量能够达到很好削减效果，管理较便捷。该工艺的不足之处在于出水率较低，增加了回灌的难度；生物处理效果不稳定，生物菌种需要培养、驯化，增加了运行成本；对"老龄化"渗沥液的生化效果极差；运行不能长时间停运，需要连续运行。

（2）两级 DTRO 工艺

该工艺流程为垃圾填埋场渗沥液原液经由调节池进入高压泵后，通过增压进入一级 DTRO 系统过滤，出水后进入二级 DTRO 系统，经两级反渗透过滤后出水达标排放，不达标液体循环进入系统进行处理。经 DTRO 过滤后的浓液回灌垃圾填埋区进行集中处理（图 6-5）。如图 6-6 所示为 DTRO 碟管。

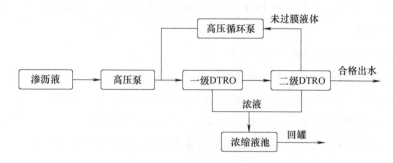

图 6-5　两级 DTRO 处理工艺流程

图 6-6　DTRO 碟管

该工艺操作简便，能够间歇式运行，自动程度高，易于维护管理，膜产品类型多。其不足之处在于对渗沥液原水水质较为敏感，出水率容易受到悬浮物（SS）、电导率以及温度等因素的影响；两级反渗透处理工艺中，前级预处理缺乏，容易导致反渗透膜堵塞，更换频率高，增加处理成本；出水率低（正常状态下为 55%～70%），回灌难度大，增加运行成本。

(3) MVC＋DI 工艺

该工艺流程为填埋场垃圾渗沥液经调节池过滤器在线反冲过滤，除去渗沥液中的 SS、纤维，提高去除效率，再经 MVC 压缩蒸发原理，将渗沥液中的污染物与水分离，实现水质净化效果。通过特种树脂去除蒸馏水中的氨，达到水质的全面达标排放（图 6-7）。在 MVC 蒸发过程中排出挥发性气体氨，利用 DI 系统吸收渗沥液中剩余盐酸气体。图 6-8 所示为 MVC 蒸发设备。

该工艺的优势在于受渗沥液的原始水质影响较小，出水率高，通常可以达到 90%，

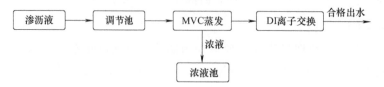

图 6-7　MVC＋DI 工艺流程

图 6-8　MVC 蒸发设备

能够做到间歇式运行，自控程度较高、维护简单、浓液量较少。不足之处是蒸发工艺实际应用较为复杂，电耗等能耗较高，维护成本较高；设备材质要求较高，尤其是要具有较强的耐强酸、强碱腐蚀性；运行设备噪声较大；后期蒸发罐清洗频次较大，药剂成本高。

　　目前，这三种工艺在渗沥液处理中的应用较为广泛，在实际应用中有着各自的优点和不足。在两级 DTRO 工艺中，需要使用电动加压泵让垃圾渗沥液通过反渗透过滤膜，未过滤浓液回流至浓缩液池，液体压力未回收，造成能量损失，为解决此问题，将透平增压泵替换电动增压泵，以达到能量回收的目的。因此下面以 DTRO 工艺为例来具体说明。

6.2.2　DTRO 工艺

　　DTRO（碟管式反渗透）最初由德国人发明并申请专利，应用方向就是针对填埋场垃圾渗沥液的处理，1988 年在高浓度废水处理技术中得到应用。2000 年国内开始引进 DTRO 工艺，并将 DTRO 工艺运用于垃圾渗沥液处理。通过消化、吸收，目前国内已经基本形成了自主的 DTRO 工艺，涉及研发、生产加工、工程应用等。如图 6-9 所示为 DTRO 工艺处理设备。

图 6-9　DTRO 工艺处理设备

碟管结构如图 6-10 所示。碟管主要由反渗透膜片、导流盘、膜柱主轴、外壳、两端法兰、各种密封件及连接螺栓等部件组成。把反渗透膜片和水力导流盘叠放在一起，用膜柱主轴和端盖进行固定，再加以密封处理，然后置入耐压套管中，就形成一个膜柱。完整的处理系统就是由若干个膜柱组合而成的。

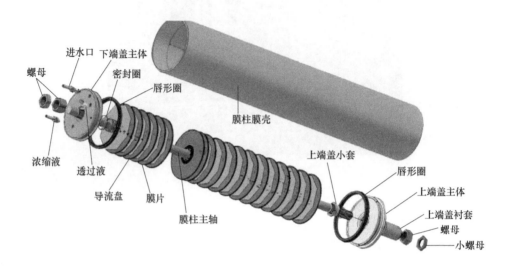

图 6-10 碟管结构示意

碟管内部流道如图 6-11 所示。碟管包含三个流道口，分别是进料口、清水出口和浓缩液出口。渗沥液从进料口进入，通过加压经若干导流盘和反渗透膜作用，清水透过反渗透膜从清水出口流出，未通过反渗透膜的浓液汇集至浓缩液出口流至浓缩液池。

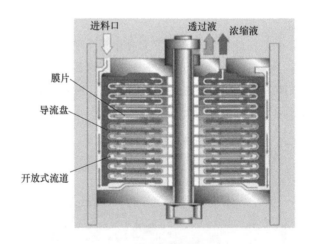

图 6-11 碟管内部流道示意

DTRO 工艺的工作原理如下。碟管反渗透是反渗透技术的一种形式，其碟管式膜组件具有特殊的流道设计形式，采用开放式流道，料液通过入口进入 DTRO 膜柱中，从导流盘与膜柱外壳间的流道流到另一端，在另一端的法兰处，渗沥液能通过通道进入导流盘中，被处理的渗沥液以最短的距离快速流过滤膜，180°迅速翻转至下一膜面，导流盘中心设有槽口，料液便从此槽口流到另一个导流盘，因此在膜的表面形成了由圆周到圆心，再由圆心到圆周的双 "S" 形迹线，未透过膜片的浓缩液从进料端流出。导流盘的表面设计有按一定方式排列的凸点，该特殊的水力学设计使料液在压力的作用下在流过滤膜表面时遇到凸点即可碰撞形成湍流状态，提升料液透过膜的速率以及模组的自清洗性能，有效避免膜的堵塞和浓差极化现象，延长系统使用寿命；在清洗时，也能轻易地将沉积在膜片上的污垢冲刷干净，保证系统在处理浊度和含砂率高的废水时能适应更恶劣的进水条件。

在 DTRO 工艺工作过程中，会出现膜污染的现象。膜污染主要分为三种：结垢、胶体污染和微生物污染。反渗透膜在工作过程中，污水中的 SS、胶体、溶质大分子物质、各种易于沉淀的离子等与膜产生物理或化学作用使得污染物在膜表面附着或空隙内沉积，使膜的孔径变小或者堵塞，从而会影响膜透过液流量和两侧的压力差等因素，降低膜工作效率。在水处理领域，膜技术有着非常好的发展前景，然而膜污染问题是制约它发展的一个重要因素。膜污染不仅会降低膜的工作效率，减少出水水量，而且会增大运行压力，提高运行成本。工程中降低膜污染主要从以下两个方面着手：一方面是采用比较成熟的预处理工艺，降低进水中各种污染物的负荷；另一方面是对已经产生部分污染的膜选择可靠的清洗方法，恢复污染膜的活性，从而提高膜工作效率。膜通量的降低是膜污染最显著的特点，它主要受到浓差极化现象、悬浮物的沉淀、胶体的吸附等因素的影响。

反渗透膜在运行过程中会产生膜污染现象，膜污染不但会增加工艺的运行费用，降低水处理效率，而且会缩短膜的使用寿命。膜污染也是反渗透处理中最大的制约因素。DTRO 膜是一种抗污染膜，它特殊的工作原理以及运行特点使得膜不易被污染，可以不经过预处理直接处理高浓度的污水。采用未经过处理的垃圾渗沥液直接进入碟管式反渗透工艺，渗沥液中高浓度的污染物仍然会在膜表面聚集，对膜产生污染，使工作压力上升、处理效率降低，应在工作一段时间后对膜片进行清洗，恢复膜的活性。

6.3　透平增压泵在 DTRO 垃圾渗沥液处理系统中的应用

6.3.1　DTRO 传统处理工艺

图 6-12 所示为国内某垃圾填埋场采用的 DTRO 工艺流程。经膜生物反应器处理及超滤膜过滤的垃圾渗沥液，由经过高压泵的加压后经过一级 DTRO 膜，未过膜的浓液经过

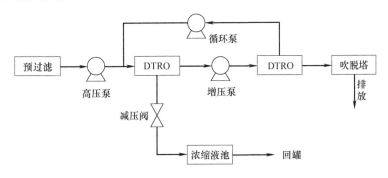

图 6-12　国内某垃圾填埋场采用的 DTRO 工艺流程

减压阀减压后回到浓缩液池，一次过滤后的液体经增压泵加压过二级 DTRO 膜，未过膜的二级浓缩液，经循环泵加压再次回流到一级 DTRO 膜。经过二级 DTRO 膜的清液可进入吹脱塔及储罐，经检测达标后可排放。

垃圾渗沥液处理系统设计水质如表 6-3 所列。

表 6-3　垃圾渗沥液处理系统设计水质

进出水	COD /(g/L)	BOD$_5$ /(mg/L)	ρ/(mg/L)			pH 值	电导率 /(mS/cm)
			SS	NH$_3$-N	TN		
进水	≤20	≤6000	≤1	≤2	≤2.5	6~9	≤20
出水	≤0.1	≤30	≤30	≤25	≤40	6~9	

注：COD 表示化学需氧量，COD（Chemical Oxygen Demand）是以化学方法测量水样中需要被氧化的还原性物质的量。BOD$_5$ 表示 5 日生化需氧量（BOD5），BOD（Biochemical Oxygen Demand）是指在有溶解氧的条件下，好氧微生物在分解水中有机物的生物化学氧化过程中所消耗的溶解氧量。SS 表示悬浮物（Suspended Substance）。NH3-N 表示氨氮。TN 表示总氮，是水中各种形态无机和有机氮的总量。

实际运行表明，一级 DTRO 膜反渗透回收率为 77%，二级 DTRO 膜反渗透回收率为 90%，系统总体回收率为 75%。传统垃圾渗沥液处理工艺具有以下的特点：垃圾渗沥液回收率高，循环浓液流量小，压力高。一级高压浓液经减压阀排放，液体压力能未回收利用，系统中循环泵的密封要求高。通过解决以上问题，可以降低系统成本、节约能源。

在现有工艺系统中，循环泵用于加压二级浓缩液，使其回流到一级 DTRO 膜。其工作特点为进出口压力高、流量小，其进口压力为 3.5MPa，出口压力为 6.5MPa，扬程为 300m。循环泵通过伸出轴与提供动力的电机连接，进口高压对伸出轴的机械密封要求很高。高压机械密封价格昂贵，较易损坏，在运行中维护周期短，后期维护费用高。因制造难度大，目前国内能满足进口高压工况的循环泵较少，需从国外定制，生产周期长，价格更加昂贵。

6.3.2　透平增压泵应用于 DTRO 工艺

如图 6-13 所示，新工艺系统以透平增压泵取代了现有垃圾渗沥液处理系统的循环泵，并将一级浓液的排放管路与循环泵的管路都连接到透平增压泵上，构成新工艺系统，将现有工艺通过减压阀排放的一级浓液通过透平增压泵透平侧回收部分压力能，通过回收一级浓液的压力能给二级浓液增压。透平增压泵如图 6-14 所示。

因垃圾渗透液处理系统一级浓液流量比二级浓液流量大，透平增压泵透平侧可用的一

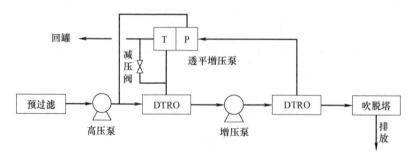

图 6-13　透平增压泵替换后的工艺

(a) 模型外形   (b) 模型内部剖视

图 6-14 透平增压泵

级浓液压力能大于泵侧为二级浓液加压所需能量，故透平侧只需部分一级浓液做功。通过带减压阀的支路可以调节进入透平侧的一级浓液流量，从而使透平侧的输出能量可在一定范围内适应泵侧所需能量。较现有的工艺，新的工艺系统采用能量收装置取代了原系统的循环增压泵，其本身不需要电机提供动力就可完成系统二级浓液的增压，实现了一级浓液的压力能量回收。

因垃圾渗透液具有腐蚀性，透平增压泵叶轮与泵体材料选用超级双相不锈钢 SS2205，轴承采用高分子材料聚醚醚酮（PEEK，Polyether-Ether-Ketone）。

6.3.3 透平增压泵应用效果分析

本部分以 2kt/d 垃圾渗沥液处理系统为例，分别采用如图 6-12 和图 6-13 所示的两种垃圾渗沥液处理工艺，在不同位置检测压力和流量，最终通过检测出的数据进行计算，得出两种系统的能量消耗。

添加压力流量检测点之后的两种测试工艺流程分别如图 6-15 和图 6-16 所示。

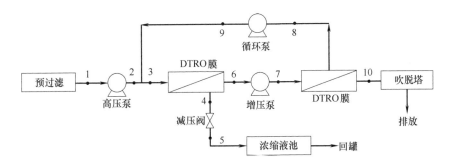

图 6-15 传统垃圾渗沥液处理工艺测试流程

首先确定图 6-15 所示的处理工艺流程中高压泵、增压泵和循环泵的参数。具体如表 6-4 所列。

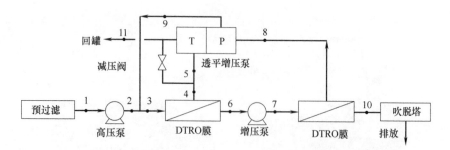

图 6-16　带透平增压泵垃圾渗沥液处理工艺测试流程

表 6-4　系统各泵的运行参数

设备	$q_V/(\text{m}^3/\text{h})$	H/m	$\eta/\%$
高压泵	83.8	649	81.5
增压泵	69.5	399	77.2
循环泵	6.95	300	40.0

然后确定图 6-16 所示工艺流程中使用的透平增压泵设计参数，如表 6-5 所列。

表 6-5　透平增压泵设计参数

初始参数值	平衡值	初始参数值	平衡值
透平体积流量 $q_{V,T}/(\text{m}^3/\text{h})$	11.3	泵进口压力 $p_{P,i}/\text{MPa}$	3.5
透平进口压力 $p_{T,i}/\text{MPa}$	6.0	泵出口压力 $p_{P,o}/\text{MPa}$	6.5
透平出口压力 $p_{T,o}/\text{MPa}$	0.5	综合回收效率 $\eta/\%$	32.6
泵体积流量 $q_{V,P}/(\text{m}^3/\text{h})$	6.75		

透平增压泵的能量回收效率可由式（6-1）计算。

$$\eta=\frac{q_{V,p}(p_{P,i}-p_{P,o})}{q_{V,t}(p_{T,i}-p_{P,o})} \tag{6-1}$$

表 6-6 和表 6-7 分别为传统及带透平增压泵的垃圾渗沥液处理工艺各点流量压力参数。系统工作介质相对密度为 1，运行时间 $t=1\text{h}$。

表 6-6　传统垃圾渗透液处理工艺流量与压力

位置	$q_V/(\text{m}^3/\text{h})$	p/MPa	位置	$q_V/(\text{m}^3/\text{h})$	p/MPa
1	83.3	0.01	6	69.5	0.01
2	83.3	6.5	7	69.5	4.0
3	90.3	6.5	8	6.95	3.5
4	20.77	6.0	9	6.95	6.5
5	20.77	0.5	10	62.6	0.05

注：位置编号见图 6-15。

整个工艺中能耗部分都是泵增压能耗，增压泵做的有效功（能耗）为

$$w=q_V tHg \tag{6-2}$$

式中　q_V——体积流量；

t——时间；

H——扬程；

g——重力加速度，9.8m/s^2。

表 6-7 带透平增压泵垃圾渗透液处理工艺流量

位置	$q_V/(\text{m}^3/\text{h})$	p/MPa	位置	$q_V/(\text{m}^3/\text{h})$	p/MPa
1	83.3	0.01	7	69.5	4.0
2	83.3	6.5	8	6.95	3.5
3	90.3	6.5	9	6.95	6.5
4	20.77	6.0	10	62.6	0.05
5	11.35	6.0	11	20.77	0.05
6	69.5	0.01			

注：位置编号见图 6-16。

高压泵有效功 W_1 为

$$W_1 = q_{V,1}tH_1g\rho = 147.2\text{kW} \cdot \text{h}$$

增压泵有效功 W_2 为

$$W_2 = q_{V,2}tH_2g\rho = 75.49\text{kW} \cdot \text{h}$$

循环泵有效功 W_3 为

$$W_3 = q_{V,3}tH_3g\rho = 5.68\text{kW} \cdot \text{h}$$

每小时工艺总能耗为

$$w(\text{原}) = \frac{W_1}{\eta_1} + \frac{W_2}{\eta_2} + \frac{W_3}{\eta_3} = 292.5\text{kW} \cdot \text{h}$$

式中 $\eta_1 \sim \eta_3$——高压供水泵效率、增压泵效率、循环泵效率。

新工艺的高压泵和增压泵与原有工艺能耗相同，新工艺采用透平增压泵替代了循环泵，回收现有工艺直接排放的一级浓液高压力能，将二次过膜后浓液加压。其能耗为

$$w(\text{新}) = \frac{W_1}{\eta_1} + \frac{W_2}{\eta_2} = 278.3\text{kW} \cdot \text{h}$$

每小时可节省电能为

$$w(\text{原}) - w(\text{新}) = 14.2\text{kW} \cdot \text{h}$$

由计算所得的数据可见，以透平增压泵取代现有垃圾渗沥液处理系统的循环增压泵，其能耗较现有工艺降低了 5%，并且循环增压泵大多都是进口产品，价格昂贵，设备运行成本高，出现故障设备不易检修，后期维护成本高，综合考虑来看，采用透平增压泵代替循环增压泵可以起到节省成本、节能的作用。

新工艺中透平增压泵无辅助动力，两端均采用的端盖与泵体整体密封，无伸出轴，无机械密封，避免了现有工艺循环泵高压进口密封难度大、机械密封故障率高等问题，降低了设备成本与维修费用，提高了设备运行稳定性。

透平增压泵在高压的液体能量回收过程中，未将一级浓液高压能完全回收，能量回收不完全，可采用电机辅助的透平增压泵形式，通过流量计反馈的信号控制电机的转速，使整体系统的流量保持稳定。在可利用浓液高压能超过增压所需能量时，可通过辅助的电机被动发电将能量回收到电网中，进一步提高了工艺系统的能量回收效率和工作稳定性。

6.4 本章小结

本章首先介绍了垃圾渗沥液处理工艺，着重介绍了 DTRO 工艺，简要说明其发展历史，介绍了碟管的结构组成，分析了碟管内部流道构成和过滤原理。

本章以国内某公司处理垃圾渗沥液的 DTRO 工艺为例，比较传统工艺和带透平增压泵能量回收工艺两者之间的能耗，发现透平增压泵取代现有垃圾渗透液处理系统的价格昂贵的循环增压泵，能耗较现有工艺降低了 5%，故采用透平增压泵代替循环增压泵可以节能降耗、降低运行成本。

参考文献

［1］ 王辉 . 城市生活垃圾处理设施落地现状与对策研究［J］. 化工设计通讯，2022，48（2）：196-198，210.

［2］ 孙韬智 . 生活垃圾转运站调研［J］. 农业与技术，2021，41（24）：103-105.

［3］ 李玉 . 农村生活垃圾处理现状与资源化利用［J］. 农家参谋，2021（24）：193-194.

［4］ 蔡圃，潘翠，陈煦，等 . 生活垃圾填埋场渗滤液处理工程实例［J］. 水处理技术，2016，42（7）：133-135.

［5］ 张立娜 . 垃圾渗滤液两级碟管式反渗透处理系统工艺设计［J］. 中国给水排水，2016，32（16）：59-62.

［6］ 柳伟 . 我国垃圾渗滤液处理现状探究［J］. 生物化工，2021，7（6）：167-169.

［7］ 吴启龙，黄明珠，付小平，等 . 一种垃圾渗滤液全量处理工艺的研究［J］. 现代工业经济和信息化，2021，11（12）：26-29.

［8］ 冯佳 . 西北高寒地区某生活垃圾渗滤液处理工艺［J］. 湖北理工学院学报，2021，37（6）：13-16，43.

［9］ 彭丽园 . 城市垃圾填埋场渗滤液处理工艺［J］. 上海建设科技，2021（2）：77-78，82.

［10］ 林静芳，张新颖，张莉敏，等 . MBR 工程长期运行中的膜清洗效果和膜性能变化［J］. 中国给水排水，2022，38（3）：67-73.

［11］ 刘学，刘林宁，刘晓鹏，等 . BG 生物滤塔工艺与传统 MBR 工艺对比分析［J］. 广东化工，2022，49（1）：43，50-52.

［12］ 孟庆礼，孙征，邢雯雯 . 浅谈城市垃圾渗滤液处理的 DTRO 与 MBR 两种工艺［J］. 绿色环保建材，2020（8）：20-21.

［13］ 齐兆涛，黄文升 . DTRO 和 STRO 两种反渗透膜在气田采出水深度处理中的性能对比［J］. 工业用水与废水，2021，52（5）：47-50，72.

［14］ 荣斯敏 . DTRO 工艺在垃圾焚烧发电厂渗滤液膜过滤浓缩液减量化处理中的应用［J］. 广东化工，2021，48（17）：143-144.

［15］ 胡军红 . DTRO 在垃圾渗滤液处理中的应用［J］. 广东化工，2021，48（9）：190-192.

［16］ 李宜豪，沈慧姝，沈胜强，等 . 机械蒸汽压缩并流进料多效蒸发系统能耗计算分析［J］. 大连理工大学学报，2020，60（4）：383-391.

［17］ 甘立建 . 垃圾渗沥液 MVC 蒸发处理技术研究［D］. 哈尔滨：哈尔滨工业大学，2018.

［18］ 徐丽丽，聂剑文，杨新海，等 . MVC 蒸发+ DI 离子交换在纳滤浓缩液处理中的应用［J］. 环境卫生工程，2016，24（4）：67-69.

［19］ 罗洁 . 两级 DTRO 工艺处理垃圾渗滤液的生产性试验研究［D］. 长沙：湖南大学，2014.

［20］ 刘伟丽 . 碟管式纳滤膜在生活用水处理中的作用［J］. 中国新技术新产品，2021（5）：125-127.

［21］ 沈源源 . DTRO+ 卷式 RO 工艺处理垃圾渗滤液的优化研究［D］. 成都：西南交通大学，2014.

［22］ 施军营，王玉晓，王强，等 . MBR+ NF/RO 工艺在垃圾渗滤液处理工程中的应用［J］. 水处理技术，2014，40（11）：129-131，135.

［23］ 左俊芳，宋延冬，王晶 . 新型碟管式反渗透移动应急供水设备［J］. 现代化工，2011，31（S1）：397-

400，402.

[24]　纪运广，刘彤，李洪涛，等 . 透平增压泵在垃圾渗透液处理工艺中的应用 [J] . 水处理技术，2018，44（6）：
94-96，100.

[25]　Tamer Ei-sayed A，Amr A. Abdel Fatah，Performance of hydraulic turbocharger integrated with hydraulic
energy management in SWRO desalination plants [J] . Desalination，2016，379：85-92.

[26]　Oklejas E，Hunt J. Integrated pressure and flow control in SWRO with a HEMI turbo booster [J] . Desalination
and Water Treatment，2011，31：88-94.

第7章

透平增压泵的其他应用

如前面几章所述，透平增压泵可用于反渗透海水淡化、合成氨碳酸丙烯脱碳和DTRO垃圾渗沥液处理等工艺进行液体压力能量回收，除此之外，还可用于锅炉脱盐水处理、天然气脱硫脱碳、石油加氢和低温甲醇洗等工艺。

7.1 锅炉脱盐水处理

锅炉用水对水质要求较为严格，水中含盐量高会使设备产生结垢、积盐及其他腐蚀性物质，导致锅炉损坏，甚至造成更严重的机组事故，所以要对锅炉水进行严格除盐处理。随着二级反渗透技术的快速成熟以及膜元件产品价格的下降，二级反渗透法水处理工艺广泛应用于电站锅炉补给水处理系统，主要工艺过程为：超滤（Ultrafiltration，UF）＋二级反渗透（RO）＋电除盐（Electrodeionization，EDI）。

某电站除盐水反渗透处理系统主要工艺过程由超滤、二级反渗透和电除盐三部分组成。原料水进入系统后经过压力和浓度的变化，经净水站预处理后的水作为锅炉供给水处理系统给水，锅炉供给脱盐水处理系统在预处理的基础上进行深度过滤和除盐净化，最终得到符合要求的锅炉用水，其工艺流程如图7-1所示。

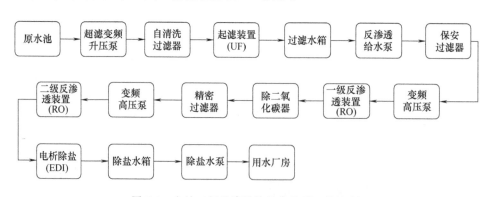

图 7-1　电站二级反渗透除盐水处理工艺流程

日供给150m³锅炉脱盐水处理系统水量平衡如图7-2所示。设计超滤系统回收率90%，一级反渗透系统回收率70%，二级反渗透系统回收率85%，EDI系统回收率90%。

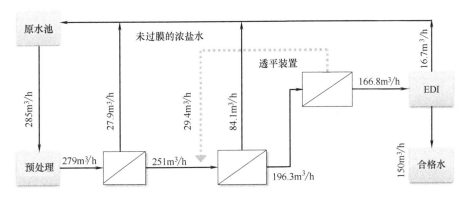

图 7-2 日供给 150m³ 锅炉脱盐水处理系统水量平衡

新工艺在电站二级反渗透系统中增加了能量回收透平装置，如图 7-3 所示，工作原理为：透平增压泵的透平侧与一级反渗透的高压浓盐水的出水管路相连接，泵侧与二级反渗透的高压浓盐水的出水管路相连接，通过透平侧回收一级高压浓盐水的能量来给二级未过膜的高压浓盐水加压，从而实现浓盐水的压力能量回收。

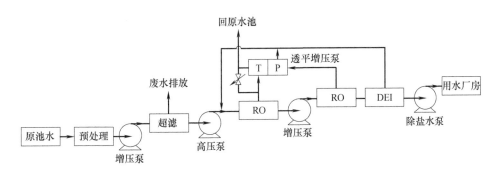

图 7-3 带有能量回收装置的电站除盐水处理系统

与单级反渗透除盐水处理系统不同，二级反渗透除盐水处理系统中的一级浓盐水的流量要比二级浓盐水的流量大。透平侧高压浓盐水的压力能大于泵侧浓盐水增压所需能量，循环地为二级浓盐水加压。因此要设计带减压阀的分路以及能调节透平增压泵的透平侧流量。

较现有工艺，新工艺系统采用能量回收透平装置，不需要电机提供动力就可以完成系统所需的增压要求，以实现一级浓液与二级浓液的能量交换。

经预处理后进水流量 279m³/d，淡水回收率 53.7%，产水量 150m³/d，浓水流量 29.4m³/d；进膜压力 4.6MPa，浓水压力 4.5MPa，能量回收透平装置的效率约为 68%。表 7 1 为 150m³ 电站除盐水处理统透平增压泵参数。

表 7-1 150m³ 电站除盐水处理统透平增压泵参数

部件	设计流量/(m³/h)	扬程/m	转速/(r/min)	入口压力/MPa
泵侧	40	200	8000	—
透平侧	90	—	8000	4.6

7.2　天然气脱硫脱碳

天然气作为一种优质、高效、清洁的低碳能源在我国能源消费结构中占比逐渐增大。天然气中含有的 H_2S、CO_2 以及有机酸等酸性组分会危害输送金属管道和加工设备，降低催化剂活性，影响人身安全，因此必须脱除天然气中酸性组分。天然气脱硫脱碳，或称为天然气脱酸的方法主要有干法和湿法两类。目前使用的天然气脱酸工艺主要为湿法。

采用湿法如甲基二乙醇胺（Methyldiethanolamine，MDEA）法或 MDEA-环丁砜法对天然气进行脱硫脱碳处理时，吸收塔中反应完成后排出的高压（约 6MPa）富液可通过透平增压泵进行能量回收，实现对贫液的加压。如图 7-4 所示，一级增压泵和透平增压泵接力完成贫液加压，减小了对一级增压泵的功率要求，从而节省了电能。从透平侧出口排出的低压富液进入闪蒸罐和汽提塔以完成溶剂再生。

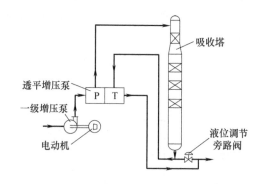

图 7-4　透平增压泵应用于天然气脱硫脱碳工艺

透平增压泵应用于湿法天然气脱硫脱碳工艺，能量回收效率可达 60% 以上，高于"泵＋联轴器＋电机＋离合器＋透平（反转泵透平助推电动机）"式能量回收装置的效率为 45% 左右。

本章文献［8］给出了某天然气脱酸装置采用两种能量回收技术的方案和效果对比，结论为透平增压泵比反转泵透平助推电动机所用的离心泵电机和启动控制负荷减小约 50%；透平增压泵一次性投资改造费用低，设备占用空间小，水平或垂直安装于吸收塔附近，因而管道能量损失小；透平增压泵设备结构简单，故障率低，安全可靠，可以长周期运转。

7.3　石油加氢

石油加氢技术是利用催化剂的催化作用，在一定的温度、压力、氢油比和空速下，原料气、氢气通过反应器内催化剂床层，把油品中所含的硫、氮、氧等非烃类化合物转化为相应的烃类及易于除去的 H_2S、氨和水的一种工艺。

在柴油精制工艺流程中，加氢反应器中需要新鲜柴油，反应结束后流出高压分离器的柴油仍然带有高压能量，反应完的柴油进入再生系统时不需要高压能量，通常是经过多级减压阀将其高压能量减掉，这样就使得大量余压能量被浪费。在加氢精制工艺中装有能量回收装置之后，利用从高压分离器出来的高压柴油的能量对新鲜低压柴油进行加压，从而将高压液体的压力能回收，降低了高压电动进料泵的输出功率，节省了成本。

如图 7-5 所示，在柴油精制工艺流程中，加氢反应器中反应结束后流出高压分离器的高压柴油的能量可通过透平增压泵进行回收，对新鲜低压柴油进行加压，以降低高压电动进料泵的功率，节省电耗和设备成本。

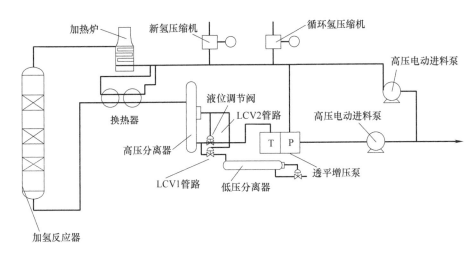

图 7-5　透平增压泵在柴油加氢工艺中的应用

7.4　低温甲醇洗

低温甲醇洗或 Rectsol 法，是广泛用于煤气化、重油气化及其他气体净化（脱酸脱硫）的一种物理吸附方法。低温甲醇洗工艺可将煤气中的 CO_2 含量降到 0.1×10^{-6} 以下，H_2S 的含量降到 20×10^{-6} 以下。

合成气经过甲醇塔脱硫脱碳之后，压力为 5～7MPa 的甲醇富液从甲醇塔的底部流出，经过压力能回收装置减压到 1～1.6MPa 送入闪蒸塔，低压甲醇液经过后续的再生系统解析出杂质气，得到的新鲜甲醇则循环使用，进入能量回收装置的低压甲醇入口，然后被加压送入甲醇洗塔中。工艺中的能量回收装置则用来回收高压压力能，并给低压新鲜甲醇加压，从而达到节能的目的。

如图 7-6 所示，甲醇洗吸收塔流出的高压富液经过透平增压泵透平侧回收能量后进入富液闪蒸罐，硫化氢再生塔流出的低压贫液经过低压进料泵加压后，进入透平泵泵侧加压再次进入吸收塔。正常工作时减压阀 LCVA 全关，调节阀 LCVB 全开，由调节阀 LCVC 根据液位控制器的要求调节富液流量，保持甲醇塔液位；甲醇吸收塔液位在 30％～60％ 范围时，富液流量由阀 LCVC 进行调节，阀 LCVC 的开度在 0～100％ 范围内调整；当吸收塔液位下降到 30％ 以下时，启动阀 LCVB 进行控制，当吸收塔液位上升到 60％ 以上时，启动阀 LCVA 进行控制放液。透平增压泵发生故障时，打开阀 LCVA 进行多级减压，从再生塔出来的低压贫液则全部经过高压电动进料泵加压到所需压力，进入甲醇吸收塔。

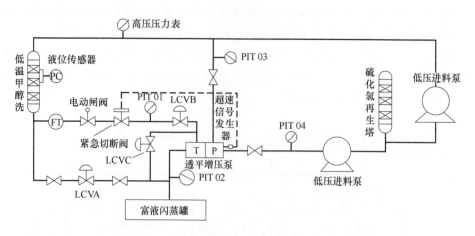

图 7-6 透平增压泵用于低温甲醇洗工艺

7.5 本章小结

本章概述了能量回收透平增压泵在锅炉脱盐水处理、天然气脱硫脱碳、石油加氢和低温甲醇洗等工艺流程中的工作方式。值得指出的是，虽然流量变化对透平增压泵的效率影响较对"分立"式透平小，但输入液体流量低于特定值时，其效率也会显著降低，因此透平增压泵更适用于中高流量液体的压力能量回收。

参考文献

[1] 李晓霞. 适应于脱盐水处理的透平增压泵水力结构和特性仿真研究 [D]. 石家庄：河北科技大学，2019.

[2] 李景辉，叶仲斌，吴基荣，等. 醇胺法天然气脱硫脱碳装置有效能分析与节能措施探讨 [J]. 现代化工，2018，38（6）：186-191.

[3] 刘恒. 天然气脱硫脱碳工艺的进展分析 [J]. 能源与环保，2019，41（3）：122-125.

[4] 宗月，仇阳，王为民，等. 天然气脱硫脱碳工艺综述 [J]. 化工管理，2019（4）：200-202.

[5] 负莹，高峰. 天然气脱硫脱碳工艺技术进展 [J]. 化工管理，2020（19）：168-171.

[6] 纪运广，李晓霞，Michael Oklejas，等. 透平增压泵能量回收装置的应用 [J]. 能源与节能，2018（6）：77-78，154.

[7] 王照成，李繁荣，周明灿. 余压能量回收装置在湿法脱碳工艺中的应用 [J]. 化肥设计，2013，51（3）：46-49.

[8] 杨守智，王遇冬. 天然气脱硫脱碳富液能量回收方法的研究与选择 [J]. 石油与天然气化工，2006（5）：332-333，364-367.

[9] 祝成耀，薛树旗，刘静. 余压能量回收技术在柴油加氢精制工艺中的应用研究 [J]. 现代化工，2015，35（7）：124-127.

[10] 董维. 石油炼制中加氢技术的初步探讨 [J]. 当代化工研究，2021（6）：28-29.

[11] 王剑力. 低温甲醇洗气体净化工艺的应用 [J]. 石化技术，2021，28（9）：7-8.

[12] 耍芬芬，张洋洋，徐严伟，等. 低温甲醇洗系统的节能改造 [J]. 化肥工业，2019，46（2）：49-51.

[13] 祝成耀. 低温甲醇洗工艺能量回收技术应用研究 [D]. 石家庄：河北科技大学，2015.